安全与应急科普丛书

安全生产知识

“安全与应急科普丛书”编委会 编

中国劳动社会保障出版社

图书在版编目(CIP)数据

安全生产知识/“安全与应急科普丛书”编委会编. --北京：中国劳动社会保障出版社，2022

(安全与应急科普丛书)

ISBN 978-7-5167-5244-9

Ⅰ.①安… Ⅱ.①安… Ⅲ.①安全生产-基本知识 Ⅳ.①X93

中国版本图书馆 CIP 数据核字(2022)第 027509 号

中国劳动社会保障出版社出版发行

(北京市惠新东街 1 号　邮政编码：100029)

*

北京市科星印刷有限责任公司印刷装订　　新华书店经销

880 毫米 ×1230 毫米　32 开本　4.875 印张　101 千字

2022 年 3 月第 1 版　　2025 年 4 月第 4 次印刷

定价：15.00 元

营销中心电话：400-606-6496

出版社网址：http://www.class.com.cn

“安全与应急科普丛书”编委会

本书主编：尘兴邦

副 主 编：王登辉　孙宁昊

内容简介

新时代的企业生产经营中，安全生产已经成为管理的重要环节和关键保障性工作。在各行各业的生产劳动过程中，安全是至关重要的，是一切生产经营能够顺利开展的前提和保障。保护从业人员的安全健康和生产经营单位的财产安全，是促进社会生产力发展的基本保证。从业人员在生产劳动过程中应依法遵守安全生产规定，行使安全生产方面的权利，履行安全生产方面的义务。

本书紧扣安全生产、劳动安全、职业病防治等法律法规，详细介绍了企业从业人员在生产过程中应该了解的安全生产基础知识。本书内容主要包括安全生产方针、政策，安全生产规章制度和操作规程，安全文化和教育培训，从业人员安全生产权利和义务，生产安全事故预防，劳动防护用品和安全警示标识，职业健康防护，生产安全事故应急处置等知识。

本书内容丰富、层次清楚，所写知识典型性、通用性强，文字编写浅显易懂，版式设计新颖活泼，可作为相关行业管理部门和用人单位开展安全生产知识科普工作参考用书，也可作为广大职工群众增强安全生产意识、提高安全生产素质的普及性学习读物。

目　录

第 1 章　安全生产方针、政策

1. 安全生产方针 / 002
2. 安全生产政策 / 004
3. 安全生产法律法规体系 / 007
4. 安全生产管理体制 / 014

第 2 章　安全生产规章制度和操作规程

5. 安全生产规章制度及其相关法律责任 / 018
6. 安全生产规章制度建设的依据 / 019
7. 安全生产规章制度建设的原则 / 020
8. 安全生产规章制度的编制 / 021
9. 安全生产规章制度的内容 / 024
10. 安全操作规程相关法律责任 / 029
11. 安全操作规程的编制 / 030

第 3 章　安全文化和教育培训

12. 安全文化 / 036
13. 企业安全文化建设 / 037
14. 安全教育培训 / 041

15. 安全教育培训制度 / 043
16. 安全教育培训组织实施 / 046
17. 安全教育培训内容与时间 / 048

第 4 章　从业人员安全生产权利和义务

18. 从业人员的安全生产权利 / 054
19. 从业人员的劳动安全卫生权利 / 055
20. 从业人员的安全生产义务 / 056
21. 从业人员的劳动安全卫生义务 / 057
22. 被派遣劳动者的安全生产权利和义务 / 057
23. 从业人员职业道德 / 057
24. 从业人员行为规范 / 059

第 5 章　生产安全事故预防

25. 电气事故预防措施 / 062
26. 机械事故预防措施 / 064
27. 焊接、切割事故预防措施 / 065
28. 起重事故预防措施 / 074
29. 建筑施工事故预防措施 / 075
30. 火灾爆炸事故预防措施 / 077
31. 危险化学品事故预防措施 / 079
32. 厂内运输事故预防措施 / 081
33. 矿山事故预防措施 / 082

第 6 章　劳动防护用品和安全警示标识

34. 劳动防护用品及其作用 / 086

35. 劳动防护用品的分类 / 087
36. 劳动防护用品管理 / 089
37. 安全标志及其使用管理 / 091
38. 职业病危害警示标识 / 094
39. 职业病危害告知卡 / 097
40. 公告栏与职业病危害警示标识、告知卡的设置与管理 / 098

第 7 章　职业健康防护

41. 粉尘危害防护 / 102
42. 化学毒物危害防护 / 105
43. 物理因素危害防护 / 109
44. 放射性因素危害防护 / 118
45. 生物因素危害防护 / 120
46. 其他因素危害及其防护 / 121

第 8 章　生产安全事故应急处置

47. 建筑施工意外伤害与应急处置 / 124
48. 煤矿生产意外伤害与应急处置 / 129
49. 冶金生产意外伤害与应急处置 / 135
50. 化工企业意外伤害与应急处置 / 140
51. 机械制造意外伤害与应急处置 / 144

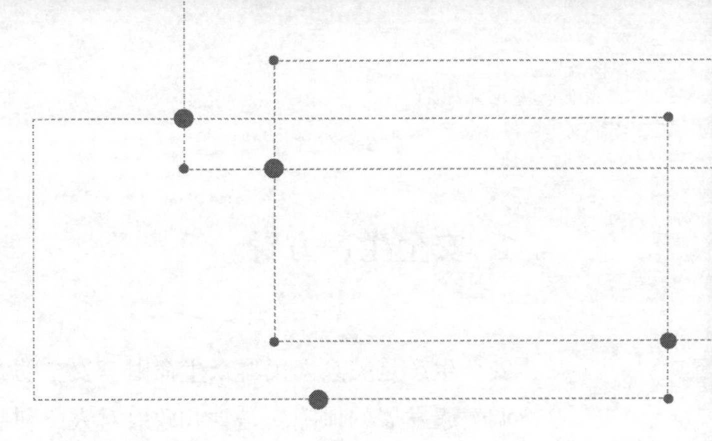

第1章

安全生产方针、政策

1. 安全生产方针

安全生产是关系人民群众生命财产安全的大事，是经济社会协调健康发展的保障，是党和政府对人民利益高度负责的要求。党中央、国务院历来高度重视安全生产工作，“安全为了生产、生产必须安全”是现代工业的客观需要。

我国生产安全事故多发，危害了人民群众的生命安全，造成了巨大的社会经济损失，严重地制约了生产经营单位的可持续发展。为此，《中共中央　国务院关于推进安全生产领域改革发展的意见》中明确提出，要坚守发展决不能以牺牲安全为代价这条不可逾越的红线。这条红线是确保人民生命财产安全和经济社会发展的保障线，是各行各业各单位从业人员确保安全生产的责任线。

（1）安全生产方针的内容

《中华人民共和国安全生产法》规定，安全生产工作坚持中国共产党的领导。安全生产工作应当以人为本，坚持人民至上、生命至上，把保护人民生命安全摆在首位，树牢安全发展理念，坚持安全第一、预防为主、综合治理的方针，从源头上防范化解重大安全风险。安全生产工作实行管行业必须管安全、管业务必须管安全、管生产经营必须管安全，强化和落实生产经营单位主体责任与政府监管责任，建立生产经营单位负责、职工参与、政府监管、行业自律和社会监督的机制。

安全生产方针是安全生产工作的总方针、总政策，是党和国家针对生产建设的特殊性而制定的工作方针，是社会主义制度优越性的具体体现，是对各行业安全生产工作总的要求和指导原则，它为安全生产工作指明了方向。

(2) 安全生产方针的内涵

"安全第一"是指在看待和处理安全同生产或其他工作的问题上，要突出安全，要把安全放在一切工作的首要位置。当生产或其他工作与安全发生矛盾时，安全是主要的、第一位的，生产或其他工作要服从安全，要做到不安全不生产，风险不管控不生产，事故隐患不排查治理不生产，安全措施不落实不生产。

"预防为主"是指在事故预防与事故处理的关系上，应以预防为主，防患于未然。应依靠安全风险分级管控和事故隐患排查治理双重预防等有效的防范措施，把风险管控在隐患前面，把隐患管控在事故前面，把事故消灭在发生之前。

"综合治理"是预防事故及其危害的一种最佳方法，在全行业、全系统、全企业各部门的业务关系上，要把安全工作看作是一项复杂而艰巨的工作，必须齐抓共管，综合管理；坚持"管理、装备、素质、系统"并重的基本原则，全员、全过程、全方位搞好安全工作。

(3) 贯彻安全生产方针的措施

为了贯彻落实安全生产方针，我国安全生产工作要坚持"管理、装备、素质、系统"并重的基本原则，使从业人员做到以下几点：

1) 牢固树立"安全第一"的意识，做到不安全不生产。

2）熟练掌握岗位安全生产职责，做到明责、履责、尽责。

3）遵守安全管理制度，学法、知法、守法，树立依法从事安全生产的意识。

4）依规作业，坚决做到不“三违”（违章指挥、违规作业、违反劳动纪律）。

5）积极参加安全培训及安全技能提升培训，掌握安全生产知识和岗位操作技能，不断提高自身业务素质。

6）作业前要进行安全风险辨识及安全确认，工作中随时排查事故隐患，发现问题立即报告，在能力范围内应及时处理。

2. 安全生产政策

（1）总体要求

党的十八大以来，习近平总书记作出一系列重要指示，深刻阐述了安全生产的重要意义、思想理念、方针政策和工作要求，强调必须“坚守发展决不能以牺牲安全为代价这条不可逾越的红线”，明确要求“党政同责、一岗双责、齐抓共管、失职追责”。李克强总理多次作出重要批示，强调要以对人民群众生命高度负责的态度，坚持预防为主、标本兼治，以更有效的举措和更完善的制度，切实落实和强化安全生产责任，筑牢安全防线。习近平总书记的重要指示和李克强总理的重要批示，为我国安全生产工作提供了新的理论指导和行动指南。各地、各有关部门和单位坚决贯彻落实党中央、国务院的决策部署，进一步健全安全生产法律法规和政策措施，严格落实安全生产责任，全面加强安全生产监督管理，不断强化安全生产隐患排查治理和重点行业领域专项整治，深入开展安全生产大检查，严肃查处各类生产安全事故，大力推进依法治安和科技强安，加快安全生产基础保障能力建设，推动了安全生产形势持续稳定好转。

2016 年 12 月 9 日，《中共中央　国务院关于推进安全生产领域改革发展的意见》印发实施，标志着我国安全生产领域改革发展迎来了一个新时期。《中共中央　国务院关于推进安全生产领域改革发展的意见》以习近平总书记系列重要讲话特别是关于安全生产重要论述为指导，顺应全面建成小康社会发展大势，总结实践经验，吸收创新成果，坚持目标和问题导向，科学谋划安全生产领域改革发展蓝图，是今后一个时期全国安全生产工作的行动纲领。

《中共中央　国务院关于推进安全生产领域改革发展的意见》是中华人民共和国成立以来第一个以党中央、国务院名义出台的安全生产工作的纲领性文件，对推动我国安全生产工作具有里程碑式的重大意义。现阶段，一些地区和行业领域生产安全事故多发，根源是思想意识问题，抓安全生产态度不坚决、措施不得力。《中共中央　国务院关于推进安全生产领域改革发展的意见》要求，“坚守发展决不能以牺牲安全为代价这条不可逾越的红线”，构建“党政同责、一岗双责、齐抓共管、失职追责”的安全生产责任体系，推进安全监管体制改革，坚持管生产必须管安全，充实执法力量，堵塞监管漏洞，切实消除盲区。

(2) 指导思想

以习近平新时代中国特色社会主义思想为指导，深入贯彻习近平总书记系列重要讲话精神和治国理政新理念新思想新战略，进一步增强“四个意识”，紧紧围绕统筹推进“五位一体”总体布局和协调推进“四个全面”战略布局，牢固树立新发展理念，坚持安全发展，坚守发展决不能以牺牲安全为代价这条不可逾越的红线，以防范遏制重特大生产安全事故为重点，坚持安全第一、预防为主、综合治理的方针，加强领导、改革创新，协调联动、齐抓共管，着力强化生产经营单位安全生产主体责任，着力堵塞监督管理漏洞，着力解决不遵守法律法规的问题，依靠严密的责任体系、严格的法治措施、有效的体制机制、有力的基础保障和完善的系统治理，切实增强安全防范治理能力，大力提升我国安全生产整体水平，确保人民群众安康幸福、共享改革发展和社会文明进步成果。

(3) 基本原则

1）坚持安全发展。贯彻以人民为中心的发展思想，始终把人的生命安全放在首位，正确处理安全与发展的关系，大力实施安全发展战略，为经济社会发展提供强有力的安全保障。

2）坚持改革创新。不断推进安全生产理论创新、制度创新、体制机制创新、科技创新和文化创新，增强生产经营单位内生动力，激发全社会创新活力，破解安全生产难题，推动安全生产与经济社会协调发展。

3）坚持依法监管。大力弘扬社会主义法治精神，运用法治思维和法治方式，深化安全生产监管执法体制改革，完善安全生产法律法规和标准体系，严格规范公正文明执法，增强监管执法效能，提高安全生产法治化水平。

4）坚持源头防范。严格安全生产市场准入，经济社会发展要以安全为前提，把安全生产贯穿城乡规划布局、设计、建设、管理和生产经营单位生产经营活动全过程。构建风险分级管控和隐患排查治理双重预防工作机制，严防因风险演变、隐患升级而导致生产安全事故发生。

5）坚持系统治理。严密层级治理和行业治理、政府治理、社会治理相结合的安全生产治理体系，组织动员各方面力量实施社会共治。综合运用法律、行政、经济、市场等手段，落实人防、技防、物防措施，提升全社会安全生产治理能力。

3. 安全生产法律法规体系

安全生产事关人民群众生命财产安全，事关改革开放、经济发展和社会稳定大局，事关党和政府的形象和声誉，因此历来受到党和政府的高度重视。安全生产立法是安全生产法制建设的前提和基础，安全生产法制建设是做好安全生产工作的重要制度保障。

新时代全面加强我国安全生产立法建设，完善安全生产法律法规体系，加强相关行政机关的依法管理，是激发全社会对生命权的保护，提高全民安全法治意识，规范生产经营单位安全生产主体责任，强化安全生产监督管理，遏制各类事故尤其是重特大事故发生的前提和基础。

（1）安全生产立法现状

安全生产立法有两层含义：一是泛指国家立法机关和行政机关依照法定职权和法定程序制定、修订有关安全生产方面的法律、法规、规章的活动；二是专指国家制定的现行有效的安全生产法律、行政法规、部门规章、地方性法规、地方政府规章等安全生产规范性文件。

加强安全生产法制建设，依法加强安全生产管理，是安全生产领域贯彻落实依法治国基本方略，建立依法、科学、长效的安全生产管理体制机制，推动实现安全生产长治久安的必然要求和根本举措。特别是在党的十一届三中全会以后，随着我国改革开放事业的不断发展，经济结构和生产方式不断变化，市场主体和利益主体日益多样化、多元化，按照依法治国、建设社会主义法治国家的要求，安全生产秩序除了要采用经济手段和必要的行政手段外，更重要的是要依靠法律的手段来维护。在新形势下，我国大大加快了有关安全生产的立法步伐，中央和地方各有关部门陆续颁布实施了一系列与安全生产有关的法律、行政法规、部门规章、地方性法规、地方行政规章和其他规范性文件，经过多年来的持续努力，基本建立了以《中华人民共和国安全生产法》为主体，由相关法律法规和部门规章、标准规程、规范性文件等所构成的安全生产法律法规体系，安全生产各方面工作基本可以做到有法可依、有章可循。

据统计，目前，全国人民代表大会及其常务委员会、国务院和相关主管部门已经颁布实施并仍然有效的有关安全生产主要法律法规有 160 多部。其中包括《中华人民共和国劳动法》

《中华人民共和国安全生产法》《中华人民共和国煤炭法》《中华人民共和国矿山安全法》《中华人民共和国职业病防治法》《中华人民共和国海上交通安全法》《中华人民共和国道路交通安全法》《中华人民共和国消防法》《中华人民共和国铁路法》《中华人民共和国民用航空法》《中华人民共和国电力法》《中华人民共和国建筑法》《中华人民共和国特种设备安全法》等 10 多部法律，国务院制定的《国务院关于特大安全事故行政责任追究的规定》《安全生产许可证条例》《煤矿安全监察条例》《国务院关于预防煤矿生产安全事故的特别规定》《生产安全事故报告和调查处理条例》《危险化学品安全管理条例》《中华人民共和国道路交通安全法实施条例》《建设工程安全生产管理条例》等 50 多部行政法规，国务院有关部门和机构制定的《安全生产违法行为行政处罚办法》《安全生产监督罚款管理暂行办法》《安全生产领域违法违纪行为政纪处分暂行规定》《煤矿安全监察行政处罚办法》《危险化学品登记管理办法》等 100 多部部门规章。各地也陆续出台了不少地方性法规和地方政府规章，如各省（自治区、直辖市）的安全生产条例。

需要指出的是，中华人民共和国成立以来，我国安全生产标准化工作发展迅速，据不完全统计，国家颁布了涉及安全生产的国家标准 1 500 多项，各类行业标准几千项。我国安全生产方面的国家标准或者行业标准，均属于法定安全生产标准。《中华人民共和国安全生产法》有关条款明确要求生产经营单位必须执行安全生产国家标准或者行业标准，通过法律的规定赋予了国家标准和行业标准强制执行的效力。此外，我国许多安全生产立法直接将一些重要的安全生产标准规定在法律法规中，使之上升为安全生产法律法规中的条款。因此，我国安全生产国家标准和行业标准，可以被视为我国安全生产法律法规体系的一个重要组成部分。

近年来，随着经济社会的快速发展，我国已经进入了事故易发的工业经济中级发展阶段，生产安全事故频发，有的安全生产立法与我国安全生产形势的迫切需要产生了一定的差距。与一些发达国家相比，我国在立法上的某些环节和方面显得落后，亟待加强立法，以进一步健全完善我国安全生产法律法规体系，将安全生产工作全面纳入法治化轨道，促进安全生产形势持续稳定好转。

（2）安全生产法律法规体系的基本架构

1）安全生产法律法规体系。安全生产法律法规体系是一个包含多种法律形式和法律层次的综合性系统，从法律规范的形式和特点来讲，既包括作为整个安全生产法律法规基础的宪法规范，也包括行政法律规范、技术性法律规范、程序性法律规范。按法律地位及效力同等原则，安全生产法律法规体系分为 6 个门类。

①宪法。《中华人民共和国宪法》是安全生产法律法规体系框架中的最高层级，其中的“加强劳动保护，改善劳动条件”是在安全生产方面具有最高法律效力的规定。

②安全生产方面的法律如下：

基础法。我国有关安全生产的法律包括《中华人民共和国安全生产法》和与它平行的专门法律和相关法律。《中华人民共和国安全生产法》是综合规范安全生产法律制度的法律，它适用于所有生产经营单位，是我国安全生产法律法规体系的核心。

专门法律。安全生产专门法律是规范某一专业领域安全生产法律制度的法律。我国在专业领域的安全生产法律有《中华人民共和国矿山安全法》《中华人民共和国海上交通安全法》《中华人民共和国消防法》《中华人民共和国道路交通安全法》等。

相关法律。安全生产相关法律是指专门法律以外的其他涉及安全生产内容的法律，如《中华人民共和国劳动法》《中华人民共和国建筑法》《中华人民共和国煤炭法》《中华人民共和国铁路法》《中华人民共和国民用航空法》《中华人民共和国工会法》《中华人民共和国全民所有制工业企业法》《中华人民共和国乡镇企业法》《中华人民共和国矿产资源法》等。还有一些与安全生产监督执法工作有关的法律，如《中华人民共和国刑法》《中华人民共和国刑事诉讼法》《中华人民共和国行政处罚法》《中华人民共和国行政复议法》《中华人民共和国国家赔偿法》和《中华人民共和国标准化法》等。

③安全生产行政法规。安全生产行政法规是由国务院组织制定并批准公布的，是为实施安全生产法律或规范安全生产监督管理制度而制定并颁布的一系列具体规定，是实施安全生产监督管理和监察工作的重要依据。我国已颁布了多部安全生产行政法规，如《国务院关于特大安全事故行政责任追究的规定》《煤矿安全监察条例》等。

④地方性安全生产法规。地方性安全生产法规是指由有立法权的地方权力机关——人民代表大会及其常务委员会制定的安全生产规范性文件。地方性安全生产法规是由法律授权制定的，是对国家安全生产法律法规的补充和完善，以解决本地区

某一特定的安全生产问题为目标，具有较强的针对性和可操作性。如目前我国多数的省（自治区、直辖市）人民代表大会及其常务委员会制定了安全生产条例、劳动安全卫生条例等。

⑤部门安全生产规章、地方政府安全生产规章。根据《中华人民共和国立法法》的有关规定，部门规章之间、部门规章与地方政府规章之间具有同等效力，并在各自的权限范围内施行。

国务院部门安全生产规章由有关部门为加强安全生产工作而颁布的规范性文件组成，从部门角度可划分为交通运输业、化学工业、石油工业、机械工业、电子工业、冶金工业、电力工业、建筑业、建材工业、航空航天业、船舶工业、轻纺工业、煤炭工业、地质勘探业、农村和乡镇工业、技术装备与统计工作、安全评价与竣工验收、劳动防护用品、培训教育、事故调查与处理、职业病危害、特种设备、防火防爆和其他部门（领域）等。部门安全生产规章作为安全生产法律法规的重要补充，在我国安全生产监督管理工作中起着十分重要的作用。

地方政府安全生产规章一方面从属于法律和行政法规，另一方面又从属于地方性法规，并且不能与它们相抵触。

⑥安全生产标准。安全生产标准是安全生产法律法规体系中的一个重要组成部分，也是安全生产监督管理和监察工作的重要依据。安全生产标准大致分为设计规范类，安全生产设备、工具类，生产工艺安全卫生类，劳动防护用品类四类标准。

2）涉及安全生产的相关法律范畴。我国的安全生产法律法规体系比较复杂，它覆盖整个安全生产领域，包含多种法律形式。根据涵盖内容，安全生产法律法规体系可以分成 8 个类别，包括综合类安全生产法律法规、矿山安全生产法律法规、危险物品安全生产法律法规、建筑业安全生产法律法规、交通运输安全生产法律法规、公众聚集场所及消防安全法律法规、其他安全生产法律法规和已批准的国际劳工安全公约。以下以综合类安全生产法律法规和已批准的国际劳工安全公约为例进行分析。

①综合类安全生产法律法规。综合类安全生产法律法规是指同时适用于矿山、危险物品、建筑业和其他方面的安全生产法律法规，它对各行各业的安全生产行为都具有指导和规范作用，主导性的有《中华人民共和国劳动法》《中华人民共和国安全生产法》等，由安全生产监督检查类、伤亡事故报告和调查处理类、重大危险源监管类、安全中介管理类、安全检测检验类、安全培训考核类、劳动防护用品管理类、特种设备安全监督管理类和安全生产举报奖励类通用安全生产法律法规组成。

②已批准的国际劳工安全公约。当前，国际上将贸易与劳工标准挂钩是发展趋势，我国早已加入世界贸易组织，参与世界贸易必须遵守国际通行的规则，安全生产立法和监督管理工作也需要与国际接轨。

国际劳工组织自 1919 年创立以来，通过了 100 多种国际公约和若干建议书，这些国际公约和建议书统称国际劳工标准，其中 70%的国际劳工标准涉及职业安全卫生问题。我国政府为安全生产工作已签订了国际公约，当我国安全生产法律与国际公约有不同时，应优先采用国际公约的规定（保留条件的条款除外）。

4. 安全生产管理体制

安全生产管理体制是安全生产管理系统的结构组成、管理权限划分、事物运作机制等方面的综合概念。为贯彻“安全第一、预防为主、综合治理”的方针，必须建立一个衔接有序、运转有效、保障有力的安全生产管理体制。自中华人民共和国成立以来，我国的安全生产管理体制经历了曲折的发展变化，从无到有，在摸索中不断发展完善，至今基本形成了较系统的安全生产管理体制。依据《中华人民共和国安全生产法》的规定，我国安全生产管理体制是“生产经营单位负责、职工参与、政府监管、行业自律和社会监督”。该安全生产管理体制进一步明确各方安全生产职责，是对安全生产工作经验的总结，反映了安全生产工作的特点和规律。在我国的安全生产工作中，生产经营单位主体责任是根本，职工参与是基础，政府监管是关键，行业自律是发展方向，社会监督是保障。

(1) 生产经营单位负责

生产经营单位负责是指生产经营单位要依法做好安全生产方方面面的工作，切实保障本单位的安全生产。生产经营单位是生产经营活动的主体，是保障安全生产的根本和关键所在。各类生产经营单位要建立健全安全生产责任制和各项规章制度，依法保障必需的安全生产投入，按照法律法规的规定，加强安全生产管理，做好安全生产各项工作，形成自我约束、不断完善的安全生产工作机制。

(2) 职工参与

一方面，职工是生产经营活动的直接操作者，安全生产首先涉及职工的人身安全。保障职工对安全生产工作的参与权、知情权、监督权和建议权，是建立现代企业制度的要求，是保障职工切身利益的需要，也是充分调动职工的积极性、发挥其主人翁作用的保障。另一方面，做好安全生产工作需要职工积极配合，履行遵章守纪、按章操作等义务。没有职工的参与和配合，将不可能真正做好安全生产工作。

(3) 政府监管

政府监管是指安全生产工作必须在各级人民政府的领导下，建立健全安全监管体系和安全生产法律法规体系，把安全生产纳入经济发展规划和指标考核体系，形成强有力的安全生产工作组织领导和协调管理机制。各级人民政府要履行安全生产属地管理责任，定期召开会议，听取安全生产管理的情况汇报，分析安全生产形势，组织有关部门对本辖区容易发生事故的单位、场所、设备进行监督检查，及时研究解决安全生产重大问题。

(4) 行业自律

行业自律是一个行业自我规范、自我协调的行为机制，也是维护市场秩序、保持公平竞争、促进行业健康发展、维护行业利益的重要措施。在安全生产领域实行行业自律，就要高度重视安全生产对公平竞争的重要影响，积极发展行业协会等社会组织，借助其力量，制定对全体行业成员具有普遍约束力的安全生产方面的行为规范，让行业成员为了其共同利益以及本行业的持续健康发展而自觉遵守、相互监督，既以行规行约制约自身安全生产行为，又遵守和贯彻有关安全生产的法律、法规、标准和政策。

（5）社会监督

社会监督是安全生产管理的重要内容，加强安全生产工作，加快推进安全生产形势根本好转，需要全社会的广泛支持和积极参与，群防群治，将安全生产工作置于全社会的监督之下。

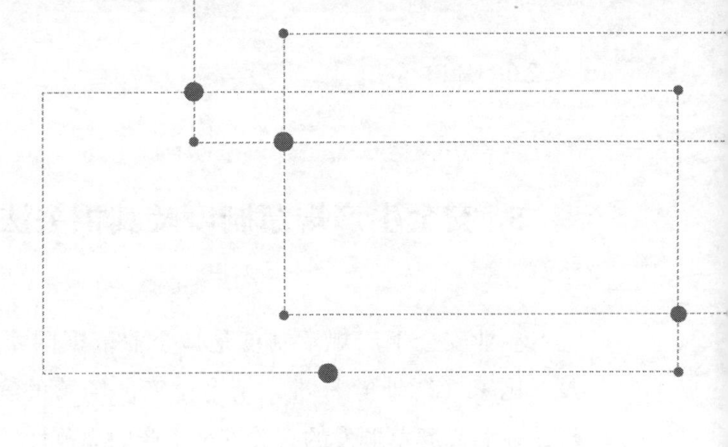

第2章

安全生产规章制度和操作规程

5. 安全生产规章制度及其相关法律责任

企业安全生产规章制度是指企业依据国家有关法律、法规、国家（行业）标准，结合生产、经营的安全生产实际，以企业名义起草颁发的有关安全生产的规范性文件，一般包括规程、标准、规定、措施、办法、制度、指导意见等。

企业是安全生产的责任主体，国家有关法律法规对企业加强安全生产规章制度建设有明确的要求。《中华人民共和国安全生产法》规定，生产经营单位必须遵守《中华人民共和国安全生产法》和其他有关安全生产的法律法规，加强安全生产管理，建立健全全员安全生产责任制和安全生产规章制度，改善安全生产条件，推进安全生产标准化建设，提高安全生产水平，确保安全生产。《中华人民共和国劳动法》规定，用人单位必须建立健全劳动安全卫生制度，严格执行国家劳动安全卫生规程和标准。《中华人民共和国职业病防治法》规定，用人单位应当建立健全职业卫生管理制度和操作规程。另外，《中共中央　国务院关于推进安全生产领域改革发展的意见》《安全生产“十三五”规划》《国务院关于进一步加强企业安全生产工作的通知》《危险化学品安全管理条例》《安全生产许可证条例》等国家相关文件、法规，都对企业安全生产规章制度建设提出了明确而具体的要求。

6. 安全生产规章制度建设的依据

（1）以安全生产法律、法规、国家（行业）标准、地方政府规章和地方标准为依据

企业安全生产规章制度必须符合国家法律、法规、国家（行业）标准，以及企业所在地地方政府规章、地方标准的要求。企业安全生产规章制度是一系列法律法规在企业生产经营过程中具体贯彻落实的体现。

（2）以生产经营过程中的危险、有害因素辨识和事故教训为依据

安全生产规章制度的建设，其核心就是危险、有害因素的辨识和控制。通过危险、有害因素的辨识，有效提高规章制度建设的目的性和针对性，保障生产安全。同时，企业要积极借鉴相关事故教训，及时修订和完善规章制度，防范同类事故重复发生。

（3）以国际、国内先进的安全生产管理方法为依据

随着安全科学技术的迅猛发展，安全生产风险防范和控制的理论、方法不断完善。尤其是对安全系统工程理论研究的不断深化，为企业的安全生产管理提供了丰富的工具。例如，职业安全健康管理体系、风险评估、安全评价体系的建立等，都为企业安全生产规章制度的建设提供了宝贵的参考资料。

7. 安全生产规章制度建设的原则

(1) 主要负责人负责原则

安全生产规章制度建设，涉及企业的各个环节和所有人员，只有企业主要负责人亲自组织，才能有效调动企业的所有资源，才能协调各个方面的关系。同时，我国安全生产法律法规对此有明确规定。例如，《中华人民共和国安全生产法》规定，组织制定并实施本单位安全生产规章制度和操作规程，是生产经营单位主要负责人的职责。

(2) 安全第一原则

“安全第一、预防为主、综合治理”是我国的安全生产方针，也是安全生产客观规律的具体要求。企业要实现安全生产，就必须采取综合治理的措施，在事先防范上下功夫。在生产经营过程中，必须把安全工作放在各项工作的首位，正确处理安全生产和工程进度、经济效益等的关系。只有通过安全生产规章制度建设，才能把安全生产客观要求融入企业的体制建设、机制建设、生产经营活动组织的各个环节，落实到生产经营各项工作中去，才能保障安全生产。

(3) 系统性原则

风险来自生产经营过程之中，只要生产经营活动在进行，风险就客观存在。因此，要按照安全系统工程的原理，建立涵盖全员、全过程、全方位的安全生产规章制度：涵盖企业每个环节、每个岗位、每个人，涵盖企业的规划设计、建设安装、生产调试、生产运行、技术改造的全过程，涵盖事故预防、应急处置、调查处理等全方位的安全生产规章制度。

(4) 规范化和标准化原则

企业安全生产规章制度的建设应实现规范化和标准化管理，以确保安全生产规章制度建设严密、完整、有序。安全生产规章制度起草、审核、发布、教育培训、修订的组织管理程序要严密；安全生产规章制度编制要做到目的明确、流程清晰、标准明确，具有可操作性；应按照系统性原则的要求，建立完整的安全生产规章制度体系。

8. 安全生产规章制度的编制

企业应每年编制安全生产规章制度制定和修订的工作计划，主要包括规章制度的名称、编制目的、主要内容、责任部门、进度安排等，确保企业安全生产规章制度的建设和管理有序进行。

安全生产规章制度的制定一般包括起草、会签、审核、签发、发布、培训和考试、修订等流程。安全生产规章制度发布后，企业应组织有关部门和人员进行学习和培训。对安全操作规程类安全生产规章制度，还应对相关人员进行考试，考试合格后才能上岗作业。安全生产规章制度日常管理的重点是在执行过程中的动态检查，确保规章制度得到贯彻落实。

（1）起草

根据企业安全生产责任制，安全生产规章制度由负有安全生产管理职能的部门负责起草。起草前，应首先收集国家有关安全生产法律、法规、国家（行业）标准、企业所在地地方政府规章和地方标准等，作为制度起草的依据。起草时，应同时结合企业安全生产的实际情况，涉及安全技术标准、安全操作规程等的起草工作，还应查阅设备制造厂的说明书等。

安全生产规章制度起草要做到目的明确、条理清楚、结构严谨、用词准确、文字简明、标点符号正确。

技术规程规范、安全操作规程应按照企业的标准格式起草。其他规章制度格式可根据内容分章（节）、条、款、项、目结构表达，内容单一的也可直接以条的方式表达。规章制度中的序号可用中文数字和阿拉伯数字依次表述。

规章制度的草案应对起草目的、适用范围、主管部门、具体规范、解释部门和施行日期等作出明确的规定。

新的规章制度代替原有规章制度时，应在草案中写明新规章制度生效后原规章制度废止的内容。

（2）会签

责任部门起草的规章制度草案，应在送交相关领导签发前征求有关部门的意见。意见不一致时，一般由企业主要负责人或分管安全生产的负责人主持会议，取得一致意见。

（3）审核

安全生产规章制度在签发前，应进行审核。一是由企业负责法律事务的部门，对规章制度与相关法律法规的符合性及与企业现行规章制度一致性进行审查；二是提交企业职工代表大会或安全生产委员会会议进行讨论，对各方面工作的协调性、各方利益的统筹性进行审查。

（4）签发

技术规程规范、安全操作规程等一般技术性安全生产规章制度由企业分管安全生产的负责人签发，涉及全局性的综合管理类安全生产规章制度应由企业主要负责人签发。

签发后的安全生产规章制度要进行编号，注明生效时间，如“自发布之日起执行”或“现予发布，自某年某月某日起施行”。

（5）发布

企业的安全生产规章制度应采用固定的发布方式，如通过红头文件形式下发、在企业内部办公网络发布等，发布的范围应覆盖与制度相关的部门及人员。

（6）培训和考试

新颁布的安全生产规章制度应组织相关人员进行培训。对安全操作规程类制度，还应组织考试。

（7）修订

企业应每年对安全生产规章制度进行一次修订，并公布现行有效的安全生产规章制度清单。对安全操作规程类安全生产规章制度，除每年进行一次修订外，每 3 ~ 5 年应进行一次全面修订，并重新印刷。

9. 安全生产规章制度的内容

以下介绍安全生产规章制度的编制框架和主要内容，特殊或专项作业项目的安全生产规章制度，企业可结合自身要求加以制定。

（1）安全教育培训制度

详细内容见本书第 3 章。

（2）安全检查制度

1）企业安全生产管理机构应每月对安全生产责任制、安全生产制度的落实、安全教育培训、重大危险源及重要危险部位进行一次安全检查，并结合季节变化开展季节性检查、排查，及时消除事故隐患。

2）各车间每周进行一次安全检查，主要检查机器设备、设施的安全运行状况，排查事故隐患。

3）班组每日进行一次安全检查，主要检查从业人员是否遵守操作规程，是否按规定佩戴劳动防护用品，纠正其违章行为。

4）专职、兼职安全员定时巡检，以便及时发现事故隐患。

5）所有检查结果要有记录，对检查出的事故隐患或违反规定的行为应及时上报，立即排除。

各企业结合本单位的实际，在编制检查制度时应列出工作现场的重点检查内容，以及检查人、检查时间、消除事故隐患的措施等内容。

(3) 安全奖惩制度

安全奖惩制度的编制应结合本单位不同岗位而定，应找出各岗位易发生的违反规定、标准、操作规程的行为，以及各部门及单位领导不符合岗位责任制规定的行为范围，并根据情节轻重制定出处罚及奖励的有关条款。可依照以下内容确定奖励标准：

1）对安全生产管理有突出贡献的。

2）发现生产安全重大事故隐患的。

3）拒绝或举报违章作业的。

4）在事故抢险救灾做出突出贡献的。

奖惩的实施由谁来决定，应在制度中予以明确。

(4) 生产安全事故的报告和处理制度

1）发生生产安全事故后，应立即上报上级安全生产主管部门，主管部门根据事故情况上报有关部门处理。

2）发生生产安全事故后，事故部门或个人要保护好现场，不得随意变动或恢复事故现场。

3）事故部门或事故当事人要积极协助调查分析，不得隐瞒事故真相。

4）对各类事故要按照“四不放过”原则，查明原因，分清责任，接受教育，提出处理意见，建立防范措施。“四不放过”原则是指事故原因未查清不放过、责任人员未处理不放过、整改措施未落实不放过、有关人员未受到教育不放过。

另外，针对“三违”所造成的事故，按照事故大小，将对责任人的行政、经济处罚标准作为条款编入制度中。

应将从业人员的工伤保险、休假等规定条款编入制度中。

(5) 劳动防护用品管理制度

为确保企业生产安全进行，保护从业人员的人身安全与健康，应依据《中华人民共和国安全生产法》，结合本单位具体情况，按不同工种的劳动防护要求，确定从业人员劳动防护用品发放标准。劳动防护用品管理制度编制条款主要包括以下内容：

1）所发放的劳动防护用品的名称、使用年限和发放部门。

2）劳动防护用品的标准和范围。

3）劳动防护用品的采购部门及质量保障要求。

4）劳动防护用品回收的时限和负责部门。

5）劳动防护用品丢失或损坏的处理标准和补发条款。

6）从业人员使用劳动防护用品的要求。

根据以上条款，企业可结合自身实际情况编制劳动防护用品管理制度。

(6) 设备安全管理制度

设备安全管理制度的编制应包括以下内容：

1）对设备的选购要满足安全技术要求。

2）设备的维护、保养时限和方法。

3）设备应具有可靠的安全防护装置。

4）设备的危险部位和维修措施。

5）对设备进行安全检查的时限和内容。

6）设备操作人员的培训和持证要求。

7）设备异常情况的紧急处置措施。

不同的设备应有不同的标准与要求，在编制设备安全管理制度时，应结合设备状况，在制度中作出具体要求。

（7）危险作业管理制度

危险作业一般包括吊装作业、动土作业、拆除作业、动火作业、高处作业、密闭空间作业、焊接与切割作业、电气设备使用、场（厂）内专用机动车辆作业、手持电动工具作业等。危险作业管理制度的编制应明确以下内容：

1）危险作业的批准部门和批准程序。

2）现场保护措施。

3）责任人、现场指挥员、现场操作人员、现场救护（防护）人员。

4）现场操作人员须持有的特种作业证件。

5）正确佩戴和使用劳动防护用品。

6）要做好的现场记录。

（8）安全操作规程

安全操作规程是从业人员操作机械和调整仪器仪表以及从事其他作业时必须遵守的程序和注意事项。

企业应根据本单位的机械设备种类和台数，实行"一机一操作"规程。不同设备有不同要求，可按使用说明书、国家（行业）标准、安全管理规程有关的检测、检验技术标准规范编制，具体可包括以下内容：

1）开动设备接通电源之前，应清理工作现场，仔细检查各种手柄位置是否正确，安全装置是否齐全。

2）开动设备前，应先检查油箱中的油量是否充足，油路是否畅通，并按润滑图表卡进行润滑工作。

3）变速时，各变速手柄必须转换到指定位置。

4）工件必须装卡牢固，以免松动甩出造成事故。

5）已卡紧的工件不得再行敲打校正，以免影响设备精度。

6）要经常保持润滑工具及润滑系统的清洁，不得敞开油箱盖，以免灰尘、铁屑等杂物进入。

7）开动设备时必须盖好电气箱盖，不允许有活物、水、油等进入电机或电气装置内。

8）设备外露基准面或滑动面上不准堆放工具、产品等，以免碰伤设备，影响设备正常运行。

9）严禁超性能、超负荷使用设备。

10）采取自动控制时，首先要调整好限位装置，以免超越行程造成事故。

11）设备运转时操作人员不得离开工作岗位，并要经常检查各部位有无异常（异声、异味、发热、振动等）。发现故障，应立即停止操作，及时排除故障。凡属操作人员不能排除的故障，应及时通知维修人员排除。

12）操作人员离开设备或装卸工件或对设备进行调整、清洁、润滑时，都应切断电源。

13）不得拆除设备上的安全防护装置。

14）调整或维修设备时，要正确使用拆卸工具，严禁乱敲乱拆。

15）人员注意力要集中，劳动防护用品使用等要符合要求，站立位置要安全。

16）特殊危险物品要符合安全要求等。

10. 安全操作规程相关法律责任

《中华人民共和国安全生产法》规定，生产经营单位的主要负责人应组织制定并实施本单位安全生产规章制度和操作规程，安全生产管理机构以及安全生产管理人员组织或者参与拟订本单位安全生产规章制度、操作规程和生产安全事故应急救援预案。生产经营单位应当对从业人员进行安全生产教育和培训，保证从业人员具备必要的安全生产知识，熟悉有关的安全生产规章制度和安全操作规程，掌握本岗位的安全操作技能，了解事故应急处理措施，知悉自身在安全生产方面的权利和义务。未经安全生产教育和培训合格的从业人员，不得上岗作业。生产经营单位使用被派遣劳动者的，应当将被派遣劳动者纳入本单位从业人员统一管理，对被派遣劳动者进行岗位安全生产操作规程和安全操作技能的教育和培训。劳务派遣单位应当对被派遣劳动者进行必要的安全生产教育和培训。生产经营单位应当教育和督促从业人员严格执行本单位的安全生产规章制度和安全操作规程，并向从业人员如实告知作业场所和工作岗位存在的危险因素、防范措施以及事故应急措施。从业人员在作业过程中，应当严格落实岗位安全责任，遵守本单位的安全生产规章制度和操作规程，服从管理，正确佩戴和使用劳动防护用品。

《中华人民共和国职业病防治法》规定，用人单位应当建立健全职业卫生管理制度和操作规程。产生职业病危害的用人单位，应当在醒目位置设置公告栏，公布有关职业病防治的规章制度、操作规程、职业病危害事故应急救援措施和工作场所职业病危害因素检测结果。用人单位应当对从业人员进行上岗前的职业卫生培训和在岗期间的定期职业卫生培训，普及职业卫生知识，督促从业人员遵守职业病防治法律、法规、规章和操作规程，指导从业人员正确使用职业病防护设备和个人使用的职业病防护用品。从业人员应当学习和掌握相关的职业卫生知识，增强职业病防范意识，遵守职业病防治法律、法规、规章和操作规程，正确使用、维护职业病防护设备和个人使用的职业病防护用品，发现职业病危害事故隐患应当及时报告。

11. 安全操作规程的编制

(1) 编制依据

1）现行的国家、行业安全技术标准和规范、安全规程等。

2）设备的使用说明书、工作原理资料，以及设计、制造资料。

3）曾经出现过的危险、事故案例及与本项操作有关的其他不安全因素。

4）作业环境条件、工作制度、安全生产责任制等。

(2) 内容

搜集以上相关资料后，即可编写安全操作规程。安全操作规程的内容应该简练、易懂、易记，条目的先后顺序力求与操作顺序一致。安全操作规程一般包括以下几项内容：

1）操作前的准备，包括操作前应做哪些检查，机器设备和环境应该处于什么状态，应做哪些调查，准备哪些工具等。

2）劳动防护用品的使用要求，如应该和禁止使用的防护用品种类，以及如何使用等。

3）操作的先后顺序、方式。

4）操作过程中机器设备的状态，如手柄、开关所处的位置等。

5）操作过程需要进行的测试、调整及其方式方法。

6）操作人员所处的位置和操作时的规范姿势。

7）操作过程中必须禁止的行为。

8）一些特殊要求。

9）异常情况及其处理方法。

10）其他要求。

(3) 编写方法

在编写安全操作规程时应考虑以下几个方面：

1）要考虑岗位存在的危险、有害因素，将其全部罗列出来，以此作为编写依据，有针对性地避免操作人员接触这些危险部位和有害因素，防止产生不良后果。例如，开车时不准或禁止用手触摸某些运动部件，以防轧伤手指。又如，上岗前必须戴好防护口罩，以防发生苯中毒。从上述两例看，做什么时，应该或不应该那么去做，否则就以危险来告诫操作人员，告诫语应当条理清楚、警告有力。

2）要考虑各岗位因人的不安全行为而产生的不安全问题。例如，装配机件时，要拧紧皮带轮固定螺栓，防止回转时机件松动飞出伤人。

3）要考虑事故防不胜防，提醒操作人员注意安全，防止意外事故发生。尽管人的不安全行为和物的不安全状态都控制得很好，编写时还要增加注意安全方面的条款。例如，抬笨重物品时应先检查绳索、杠棒是否牢固，两人要前呼后应、步调一致，防止物品下落砸伤腿脚。又如，检修时，应切断电源，挂上“不准开车”指示牌，以防他人误开车发生人身伤亡事故。

4）要考虑设备可能出现故障，操作人员要弄清通知对象。例如，机器运转时，闻到焦味或听到异响，应及时停车并报告当班班长。又如，电气设备发生故障时，应通知电工，不准自行修理。

5）要考虑作业连贯性、安全性、整体性，把每个工作环节可能出现的不安全问题都考虑进去，形成完整的安全操作规程。例如，不准酒后登高；登高时，不准穿易滑的鞋子。编写时遇有作业连贯性或者作业过程中出现多种个人行为、物的状态变化，或环境因素影响，不能漏项、缺项，以利于责任追究和考核。

（4）编写要求

1）调查本单位现行的生产工艺、已投入生产的生产设备（设施）、在用的工具、作业场所环境等有关资料及情况。

2）根据本单位生产工艺规程确定的生产工艺及其流程和作业场所环境条件，针对全部生产岗位全部生产操作的全过程，主要应用伤亡事故致因理论中的能量错误释放理论和轨迹交叉理论进行危险、有害因素辨识。在此基础上，制定安全操作规程，使所制定的安全操作规程科学合理、有安全性，切实可行、有可操作性，确保实施以后能有效控制不安全行为，避免伤亡事故；确保避免因操作不当导致设备损坏，进而导致伤亡事故。

3）要吸取事故（包括本单位曾发生的事故和尽可能搜集到的同行业、同类型单位曾发生的事故）教训，把处理事故时制定的防止重复性事故发生的有关规范、约束操作人员行为的措施写进安全操作规程。

4）安全操作规程不能只作原则性或抽象的规定，不能只明确“不准干什么、不准怎样干”而不明确“应怎样干”，不能留有让从业人员“想当然、自由发挥”的余地。

5）安全操作规程中的要求和规定不能突出重点而放弃次点，要具体详尽，宜细不宜粗，能细则细，应有可操作性，应明确操作中必需的操作、禁止的操作，明确必需的操作步骤、操作方法、操作注意事项和正确使用劳动防护用品的要求以及出现异常时的应急措施。

6）涉及设备（设施）操作的安全操作规程应包括如何正确操作设备（设施），以防止因操作不当而导致设备（设施）损坏的规定。

7）安全操作规程的文字表述要直观、简明，便于操作人员理解、掌握和记忆。

第3章

安全文化和教育培训

12. 安全文化

(1) 安全文化的含义

安全文化就是在人的生活和企业的生产经营活动过程中，保护人的健康、尊重人的生命、实现人的价值的文化。它的功能可以概括为一句话：将全体国民塑造成具有现代安全观的文化人，将企业全体从业人员塑造成具有现代安全观的安全生产力。

(2) 安全文化的功能

1）规范人的安全行为。使每一个社会成员都能理解安全的含义、对安全的责任、应具有的道德，从而自觉地规范自己的安全行为，也能自觉地帮助他人规范安全行为。

2）组织及协调安全管理机制。安全管理与其他的专业性管理不同，它不像生产管理、材料管理、设备管理等那样局限于对企业某一个方面或某一部分人的管理，安全管理是对企业一切方面、一切人员的管理，还承担着安全法律法规、安全知识的宣传。这就要求企业的一切部门、一切人员都要为实现安全生产协调一致，不能出现“梗阻”。要做到这一点，只有安全文化能使之具有共同的安全行为准则。

3）使生产进入安全高效的良性状态。实践证明，单纯依靠改善生产设备设施并不能保障企业生产经营安全、高效、有序地运行，还必须有高水平的管理和高素质的从业人员。不论是提高安全管理水平，还是提高从业人员的安全素质，安全文化都是最基础的。安全文化建设的目的，就是要通过提高安全管理人员的管理水平，来提高企业从业人员的安全素质。

13. 企业安全文化建设

企业安全文化建设是企业预防事故的基础工程，是突破传统的安全模式和管理观念，建立以人为本、以价值为标准，从精神文化和从业人员安全文化素质上下功夫的安全文化。企业安全文化建设对安全生产和安全生活具有战略性意义。

(1) 构建安全文化理念体系

安全文化理念是人们关于企业安全以及安全管理的思想、认识、观念、意识，是企业安全文化的核心和灵魂，是建设企业安全文化的基础，也是企业的安全承诺。企业要认真建立安全文化理念，一是要结合行业特点、企业实际、岗位状况以及文化传统，提炼出富有特色、内涵深刻、易于记忆、便于理解，为从业人员所认同的安全文化理念并形成体系；二是要宣贯好安全文化理念，通过企业板报、电视、刊物、网络等多种传媒以及举办培训班、研讨会等多种方法，将企业安全文化理念根植于全体从业人员心中；三是要固化好安全文化理念，让从业人员处处能看见、时时有提醒、事事能贯彻，进而转化成为从业人员的自觉行动。

（2）加强安全制度体系建设

安全制度是企业安全生产保障机制的重要组成部分，是企业安全文化理念的物化体现，是从业人员的行为规范，它包括各种安全生产规章制度、操作规程、厂规、厂纪等。加强安全制度体系建设，要重点抓好5个方面的工作：一是建立健全安全生产责任制，做到全员、全过程、全方位安全责任化，形成“横向到边、纵向到底”的安全生产责任体系；二是抓好国家职业安全健康法律法规的贯彻、执行；三是根据法律法规的要求，结合企业实际，制定好各类安全生产规章制度；四是抓好安全质量标准化体系建设，做到安全管理标准化、安全技术标准化、安全装备标准化、环境安全标准化和安全作业标准化；五是抓好安全制度执行，不断强化制度的执行力。

（3）建立健全安全管理模式

科学、合理、有效的安全管理模式属于安全文化建设的重要范畴，它是现代企业安全生产的根本保证。目前，企业开展安全生产标准化建设、建立职业安全健康管理体系等都是良好的载体，使安全文化建设有了依托，通过规范企业的行为，达到改善企业安全生产条件的目的。建立健全规范化的安全管理模式，可以从以下几个方面展开：

1）在规范从业人员行为方面。一是通过教育（演讲、演出、广播、电视、会议、板报等）规范人的安全文化理念，增强安全责任感，树立“我要安全”的意识；二是通过相应的规章制度（安全生产责任制、安全操作规程、安全奖惩制度等）规范人的行为，使其符合安全生产要求；三是通过各种安全培训考试和演练，如上岗培训、应急演练等，规范各类人员的操作，使其达到安全生产要求，确保实现人的本质安全化。

2）通过对设备设施的定期或不定期检查、认真评估以及技术改造，力争达到设备设施“零”缺陷，使“硬件”达到安全技术标准，始终处于安全、良好的状态，实现物的本质安全化。

3）通过对生产岗位的工作环境改造，达到规范、卫生、整洁的要求，改善人的心理状态，减少环境对操作人员的影响，从而使操作人员精力集中、心情舒畅地上岗操作，实现环境的本质安全化。

（4）建立现代企业有效、敏锐的安全信息管理系统

为营造良好的安全文化，企业需要建立一个有效、敏锐的安全信息管理系统，并创造条件使从业人员积极地使用。通过安全信息管理系统，企业可以有计划、有步骤、有目的地对从业人员进行安全生产法律法规和方针政策的教育；定期分专业组织开展安全技术培训；开展技术练兵活动，利用安全例会传达上级部门的安全生产要求及会议精神，通报安全生产信息，分析安全生产形势等。

（5）建立和完善安全奖惩机制

建立和完善安全奖惩是一种激励机制，是推动企业安全文化建设的重要手段，可以从以下 3 个方面着手：一是要适时组织安全专业考试；二是经常组织安全知识竞赛、安全技能练兵，对优秀者实行奖励；三是对违反操作规程、不按规定程序

办事的人，按照处罚标准进行处罚。当然，建设企业安全文化，重不在罚，应以鼓励为主，促进行为自觉安全化，才是有效防止事故发生的根本。

构建现代企业安全文化，要教育培训从业人员接受并认同企业一系列安全生产规章制度，达到认识、意志、语言和行动上的统一，并据此养成习惯，使广大从业人员理解安全生产是生产力，牢固树立安全生产不但能够间接创造效益，而且能够直接创造效益的理念。

（6）建立“学习型组织”

企业安全文化建设是一个长期的过程，要使安全文化融入每位从业人员的意识并成为其自觉行动指南，必须通过系统的培训和学习。学习过程是理念认同过程，是提高安全意识、安全操作技能的过程。使广大从业人员从“要我安全”到“我要安全”，进而向“我会安全”转变，更要突出国内外先进管理方法、管理模式的学习。通过学习，不断改变旧的思想理念，不断创新管理模式，以适应新形势下安全管理的严要求、高标准。

安全文化的载体是从业人员，因此企业必须通过加强从业人员对安全文化的认识，促使“安全第一、预防为主、综合治理”的理念融入从业人员意识中，使全体从业人员树立起正确的安全价值观，这是安全文化建设的一个重要任务。

14. 安全教育培训

安全教育培训是企业安全生产工作的重要内容，坚持安全教育培训制度，搞好对全体从业人员的安全教育培训，对提高企业安全生产水平具有重要作用。国家通过立法对企业安全教育培训工作作出了具体的要求，企业需要落实安全教育培训有关的法律责任，在做好相关工作的同时，逐步提升安全生产水平。

（1）安全教育培训的目的

1）统一思想，提高认识。通过教育，把企业所有从业人员的思想统一到“安全第一、预防为主、综合治理”的方针上来，使企业各级领导或管理者真正把安全摆在第一位，在从事企业生产经营管理活动中坚持“五同时”（即企业各级领导或管理者在计划、布置、检查、总结、评比生产经营的同时，要计划、布置、检查、总结、评比安全）的基本原则；使广大从业人员认识安全生产的重要性，从“要我安全”向“我要安全”“我会安全”转变，做到“三不伤害”，即“我不伤害自己，我不伤害他人，我不被他人伤害”；提高企业自觉抵制“三违”现象的能力。

2）提高企业安全管理水平。安全管理包括对全体从业人员的安全管理、对设备设施的安全技术管理和对作业环境的劳动卫生管理。安全教育培训可提高各级领导干部的安全生产政策执行水平，使其掌握有关安全生产法律法规和制度，学习应用先进的安全管理方法、手段；提高全体从业人员在各自工作范围内，对设备设施和作业环境的安全管理能力。

3）提高全体从业人员安全生产知识水平和安全生产技能。安全生产知识包括对生产活动中存在的各类危险因素和危险源的辨识、分析、预防、控制知识，安全生产技能包括安全操作技巧、紧急状态下应变能力以及事故状态下急救、自救和处理能力。安全教育培训可使广大从业人员掌握安全生产知识，提高安全操作水平，发挥自防自控的自我保护及相互保护作用，有效地防止事故发生。

鉴于企业经济实力和科技水平，当前设备设施的安全状态尚未达到本质安全的程度，坚持不断地进行安全教育培训，减少和控制人的不安全行为，就显得尤为重要。

（2）安全教育培训的特点

安全教育培训具有政策性、群众性、知识性和持久性的特点。

1）政策性。安全教育培训必须坚持安全生产的方针政策，坚持社会主义市场经济条件下维护从业人员利益的原则，贯彻党和国家的各项重大安全生产决策，并以国家有关法律、法规、标准为依据。通过安全生产教育培训，提高企业全体从业人员，特别是企业管理人员的安全生产政策执行水平。

2）群众性。企业安全教育培训的对象是全体从业人员，包括各级领导和从事不同工作的每一位从业人员。只有全体从业人员都受到良好的教育培训，才能提高企业的整体安全素质，因为对任何角落的疏忽都可能导致事故。同时，每一次安全教育培训都要有明确的针对性，使从业人员能够掌握必要的安全知识。

3）知识性。安全教育培训的内容极其广泛，既包含社会科学的有关内容，如安全经济学、安全法学、安全管理学等有关理论、方法，又包括自然科学的相关内容，如安全工程技术、职业卫生等知识，还包括各种生产作业的安全技能，如安全操作技能，以及事故的预防、预控、紧急处理和急救、自救等具体能力。

4）持久性。持久性主要针对的是人们安全思想、观念、行为的反复性，为了巩固和强化安全观念和动机，必须坚持持久的安全教育培训。另外，安全生产法律、法规、标准及安全技术不断增多和更新，也要求安全教育培训必须深入持久地开展下去，起到警钟长鸣的作用。

15. 安全教育培训制度

（1）三级安全教育制度

三级安全教育制度是企业安全教育的基本制度，教育对象是新进厂人员，包括新进厂的工人、干部、学徒工、临时工、合同工、季节工、代培人员和实习人员等。三级安全教育指厂级安全教育、车间级安全教育和班组级安全教育。

（2）特种作业人员安全教育制度

特种作业是指容易发生事故，对操作者本人、他人的安全健康及设备设施的安全可能造成重大危害的作业。

特种作业人员在劳动过程中担负着特殊任务，所承担的风险较高，一旦发生事故，便会给企业生产、人员生命安全带来较大损失。因此，对特种作业人员必须坚持进行专门的安全技术知识教育和安全操作技术训练，并经严格的考试，考试合格并取得特种作业操作证者，方可上岗工作。

特种作业人员的安全教育，一般采取按专业分批集中脱产、集体授课的方式。教育内容则根据不同工种、专业的具体特点和要求而定，但都应包括理论学习和实际训练两大部分。企业要建立特种作业人员安全教育档案。特种作业人员经理论及操作考试合格后，到有关部门办理领取操作证手续，之后还要按国家规定定期履行复审手续。

（3）复工教育

复工教育包括工伤复工教育和离岗复工教育。从业人员因工负伤痊愈之后复工，必须到本企业的安全管理部门接受复工教育，熟悉岗位工作情况，进一步吸取事故教训，稳定思想情绪，确保安全上岗。从业人员较长时间离开工作岗位，由于工作环境可能改变或操作技术生疏，需要由所在车间会同安全技术人员进行一定的复工教育。离岗 3 个月以上 6 个月以下复工者，要重新进行岗位安全教育；离岗 6 个月以上复工者，要重新进行车间、岗位安全教育。

（4）全员安全教育

这是面向企业全体从业人员的定期安全教育，目的是全面落实企业的安全生产责任制，贯彻党和国家的安全生产方针、政策、法规、标准，不断增强“安全第一、预防为主、综合治理”的意识，提高从业人员的安全知识水平和安全技术素质。

(5) 安全教育管理制度

为了按计划、有步骤地进行全员安全教育，保证教育质量，取得好的教育效果，真正有助于提高从业人员的安全生产意识和安全生产技术素质，就要做好安全教育管理工作。该项制度包括以下内容：

1）结合企业实际情况，编制企业年度安全教育计划，每个季度应有教育重点，每个月要有教育内容。计划要有明确的针对性，要适应企业安全生产的特点和需要。

2）严格按制度进行教育对象的登记、培训、考核、发证、资料存档等工作，环环相扣、层层把关。坚决做到不经培训者、考试（核）不合格者、没有安全教育部门签发的合格证者，不准上岗工作。

3）要有相对稳定的教育培训大纲、培训教材和培训师资，确保教育时间和教育质量。

4）经常监督检查，认真查处未经培训就上岗操作和特种作业人员无证操作的责任单位和责任人员。

16. 安全教育培训组织实施

（1）基本要求

根据《生产经营单位安全培训规定》（2006 年 1 月 17 日国家安全生产监督管理总局令第 3 号公布，根据 2013 年 8 月 29 日国家安全生产监督管理总局令第 63 号第一次修正，根据 2015 年 5 月 29 日国家安全生产监督管理总局令第 80 号第二次修正），企业负责本单位从业人员安全培训工作。企业从业人员是指企业主要负责人、安全管理人员、特种作业人员及其他从业人员；从事安全生产工作的相关人员是指从事安全教育培训工作的教师、危险化学品登记机构的登记人员和承担安全评价、咨询、检测、检验的人员及注册安全工程师、安全生产应急救援人员等。

企业应当按照《中华人民共和国安全生产法》和有关法律、行政法规以及《生产经营单位安全培训规定》，建立健全安全培训工作制度。企业从业人员应当接受安全培训，熟悉有关安全生产规章制度和安全操作规程，具备必要的安全生产知识，掌握本岗位的安全操作技能，增强预防事故、控制职业病危害和应急处理的能力。未经安全生产培训合格的从业人员，不得上岗作业。

国务院安全生产监督管理部门指导全国安全培训工作，依法对全国的安全培训工作实施监督管理。国务院有关主管部门按照各自职责指导监督本行业安全培训工作，并按照《生产经营单位安全培训规定》制定实施办法。国家煤矿安全监察机构指导、监督、检查全国煤矿安全培训工作。各级安全生产监督管理部门和煤矿安全监察机构按照各自的职责，依法对企业的安全培训工作实施监督管理。

(2) 安全培训的组织实施

国务院安全生产监督管理部门组织、指导和监督中央管理的企业的总公司（集团公司、总厂）主要负责人和安全管理人员的安全培训工作。国家煤矿安全监察机构组织、指导和监督中央管理的煤矿企业集团公司（总公司）主要负责人和安全管理人员的安全培训工作。省级安全生产监督管理部门组织、指导和监督省属企业及所辖区域内中央管理的工矿商贸企业分公司、子公司主要负责人和安全管理人员的培训工作，组织、指导和监督特种作业人员的培训工作。省级煤矿安全监察机构组织、指导和监督所辖区域内煤矿企业主要负责人、安全管理人员和特种作业人员（含煤矿矿井使用的特种设备作业人员）的安全培训工作。市级、县级安全生产监督管理部门组织、指导和监督本行政区域内除中央企业、省属企业以外的其他企业主要负责人和安全管理人员的安全培训工作。

企业除主要负责人、安全管理人员、特种作业人员以外的从业人员的安全培训工作，由企业组织实施。具备安全培训条件的企业，应当以自主培训为主；也可以委托具备安全培训条件的机构，对从业人员进行安全培训。不具备安全培训条件的企业，应当委托具备安全培训条件的机构，对从业人员进行安全培训。

企业应当将安全培训工作纳入本单位年度工作计划，保障本单位安全培训工作所需资金。企业应建立健全从业人员安全培训档案，详细、准确记录培训考核情况。企业安排从业人员进行安全培训期间，应当支付工资和必要的费用。

17. 安全教育培训内容与时间

（1）主要负责人、安全管理人员的安全培训

1）培训内容。企业主要负责人和安全管理人员应当接受安全培训，具备与所从事的生产经营活动相适应的安全生产知识和管理能力。

企业主要负责人安全培训内容应当包括国家安全生产方针、政策和有关安全生产的法律、法规、规章及标准，安全管理基本知识、安全生产技术、安全生产专业知识，重大危险源管理、重大事故防范、应急管理和救援组织以及事故调查处理的有关规定，职业病危害及其预防措施，国内外先进的安全管理经验，典型事故和应急救援案例分析及其他需要培训的内容。

企业安全管理人员安全培训内容应当包括国家安全生产方针、政策和有关安全生产的法律、法规、规章及标准，安全管理、安全生产技术、职业卫生等知识，伤亡事故统计、报告及职业病危害的调查处理方法，应急管理、应急预案编制以及应急处置的内容和要求，国内外先进的安全管理经验，典型事故和应急救援案例分析及其他需要培训的内容。

2）培训时间和培训大纲。企业主要负责人和安全管理人

员初次安全培训时间不得少于 32 学时，每年再培训时间不得少于 12 学时。

煤矿、非煤矿山、危险化学品、烟花爆竹、金属冶炼等企业主要负责人和安全管理人员初次安全培训时间不得少于 48 学时，每年再培训时间不得少于 16 学时。

企业主要负责人和安全管理人员的安全培训必须依照安全生产监管监察部门制定的安全培训大纲实施。

非煤矿山、危险化学品、烟花爆竹、金属冶炼等企业主要负责人和安全管理人员的安全培训大纲及考核标准由国家安全生产监督管理部门统一制定。

煤矿企业主要负责人和安全管理人员的安全培训大纲及考核标准由国家煤矿安全监察机构制定。

煤矿、非煤矿山、危险化学品、烟花爆竹、金属冶炼以外的其他企业主要负责人和安全管理人员的安全培训大纲及考核标准，由省、自治区、直辖市安全生产监督管理部门制定。

(2) 其他从业人员的安全培训

1）培训的人员。煤矿、非煤矿山、危险化学品、烟花爆竹、金属冶炼等企业必须对新上岗的临时工、合同工、劳务工、轮换工、协议工等进行强制性安全培训，保证其具备本岗位安全操作、自救互救以及应急处置所需的知识和技能后，方能安排上岗作业。

加工、制造业等企业的其他从业人员，在上岗前必须经过厂（矿）、车间（工段、区、队）、班组三级安全培训教育。

企业应当根据工作性质对其他从业人员进行安全培训，保证其具备本岗位安全操作、应急处置等知识和技能。

2）培训的时间。企业新上岗的从业人员，岗前安全培训时间不得少于 24 学时。

煤矿、非煤矿山、危险化学品、烟花爆竹、金属冶炼等企业新上岗的从业人员安全培训时间不得少于 72 学时，每年再培训的时间不得少于 20 学时。

3）培训的内容如下：

①厂（矿）级岗前安全培训内容应当包括本单位安全生产情况及安全生产基本知识、本单位安全生产规章制度和劳动纪律、从业人员安全生产权利和义务、有关事故案例等。

煤矿、非煤矿山、危险化学品、烟花爆竹、金属冶炼等企业厂（矿）级安全培训除包括上述内容外，应当增加事故应急救援、事故应急预案演练及防范措施等内容。

②车间（工段、区、队）级岗前安全培训内容应当包括工作环境及危险因素，所从事工种可能遭受的职业病伤害和伤亡事故，所从事工种的安全职责、操作技能及强制性标准，自救互救、急救方法、疏散和现场紧急情况的处理，安全设备设施、劳动防护用品的使用和维护，本车间（工段、区、队）安全生产状况及规章制度，预防事故和职业病危害的措施及应注意的安全事项，有关事故案例及其他需要培训的内容。

③班组级岗前安全培训内容应当包括岗位安全操作规程、岗位之间工作衔接配合的安全与职业卫生事项、有关事故案例及其他需要培训的内容。

从业人员在本企业内调整工作岗位或离岗一年以上重新上岗时，应当重新接受车间（工段、区、队）级和班组级的安全培训。企业实施新工艺、新技术或者使用新设备、新材料时，应当对有关从业人员重新进行有针对性的安全培训。

企业的特种作业人员，必须按照国家有关法律法规的规定接受专门的安全培训，经考核合格，取得特种作业操作证后，方可上岗作业。

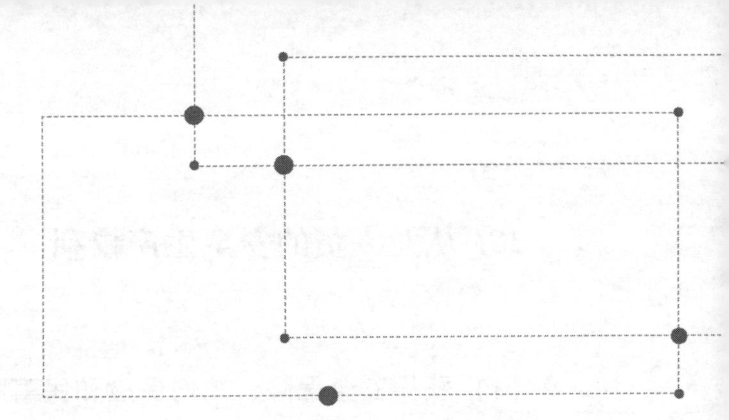

第 4 章

从业人员安全生产权利和义务

18. 从业人员的安全生产权利

（1）获得安全保障、工伤保险和民事赔偿的权利

《中华人民共和国安全生产法》规定，生产经营单位与从业人员订立的劳动合同，应当载明有关保障从业人员劳动安全、防止职业病危害的事项，以及依法为从业人员办理工伤保险的事项。生产经营单位不得以任何形式与从业人员订立协议，免除或者减轻其对从业人员因生产安全事故伤亡依法应承担的责任。

因生产安全事故受到损害的从业人员，除依法享有工伤保险外，依照有关民事法律尚有获得赔偿权利的，有权提出赔偿要求。

（2）得知危险因素、防范措施和事故应急措施的权利

《中华人民共和国安全生产法》规定，生产经营单位的从业人员有权了解其作业场所和工作岗位存在的危险因素、防范措施及事故应急措施。

（3）对本单位安全生产的建议、批评、检举和控告的权利

《中华人民共和国安全生产法》规定，生产经营单位的从业人员有权对本单位的安全生产工作提出建议。

从业人员有权对本单位安全生产工作中存在的问题提出批评、检举、控告。生产经营单位不得因从业人员对本单位安全生产工作提出批评、检举、控告而降低其工资、福利等待遇或者解除与其订立的劳动合同。

（4）拒绝违章指挥和强令冒险作业的权利

《中华人民共和国安全生产法》规定，从业人员有权拒绝违章指挥和强令冒险作业。生产经营单位不得因从业人员拒绝违章指挥、强令冒险作业而降低其工资、福利等待遇或者解除与其订立的劳动合同。

（5）紧急情况下的停止作业和紧急撤离的权利

《中华人民共和国安全生产法》规定，从业人员发现直接危及人身安全的紧急情况时，有权停止作业或者在采取可能的应急措施后撤离作业场所。生产经营单位不得因从业人员在上述紧急情况下停止作业或者采取紧急撤离措施而降低其工资、福利等待遇或者解除与其订立的劳动合同。

19. 从业人员的劳动安全卫生权利

《中华人民共和国劳动法》规定，从业人员享有平等就业和选择职业的权利、取得劳动报酬的权利、休息休假的权利、获得劳动安全卫生保护的权利、接受职业技能培训的权利、享受社会保险和福利的权利、提请劳动争议处理的权利以及法律规定的其他劳动权利。

20. 从业人员的安全生产义务

（1）遵章守规、服从管理

《中华人民共和国安全生产法》规定，从业人员在作业过程中，应当严格落实岗位安全责任，遵守本单位的安全生产规章制度和操作规程，服从管理。

（2）正确佩戴和使用劳动防护用品

《中华人民共和国安全生产法》规定，从业人员在作业过程中，应当正确佩戴和使用劳动防护用品。

（3）接受安全培训、掌握安全生产技能

《中华人民共和国安全生产法》规定，从业人员应当接受安全生产教育培训，掌握本职工作所需的安全生产知识，提高安全生产技能，增强事故预防和应急处理能力。

（4）发现事故隐患或者其他不安全因素及时报告

《中华人民共和国安全生产法》规定，从业人员发现事故隐患或者其他不安全因素，应当立即向现场安全管理人员或者本单位负责人报告。接到报告的人员应当及时予以处理。

21. 从业人员的劳动安全卫生义务

《中华人民共和国劳动法》规定，从业人员应当完成劳动任务，提高职业技能，执行劳动安全卫生规程，遵守劳动纪律和职业道德。

22. 被派遣劳动者的安全生产权利和义务

《中华人民共和国安全生产法》规定，生产经营单位使用被派遣劳动者的，被派遣劳动者享有《中华人民共和国安全生产法》规定的从业人员的权利，并应当履行《中华人民共和国安全生产法》规定的从业人员的义务。

《中华人民共和国劳动合同法》规定，被派遣劳动者享有与用工单位的劳动者同工同酬的权利。用工单位应当按照同工同酬原则，对被派遣劳动者与本单位同类岗位的劳动者实行相同的劳动报酬分配办法。用工单位无同类岗位劳动者的，参照用工单位所在地相同或者相近岗位劳动者的劳动报酬确定。

23. 从业人员职业道德

所谓职业道德，就是与人们的职业活动紧密联系的符合职业特点要求的道德准则、道德情操与道德品质的总和，它既是对从业人员在职业活动中行为的要求，同时又是本职业对社会所负的道德责任和义务。不论从事哪种职业的从业人员，在职业活动中都要遵守职业道德。理解职业道德须掌握以下四方面内容：

1）在内容方面，职业道德鲜明地表达职业义务、职业责任以及职业行为上的道德准则。它不是一般地反映社会道德和阶级道德的要求，而是要反映职业、行业以至产业特殊利益的要求。它不是在一般意义上的社会实践基础上形成的，而是在特定的职业实践基础上形成的，因而往往表现为某一职业特有的道德传统和道德习惯，表现为从事某一职业的人们所特有的道德心理和道德品质。

2）在表现形式方面，职业道德往往比较具体、灵活、多样。它总是从本职业交流活动的实际出发，采用制度、守则、公约、承诺、誓言、条例以及标语口号之类的形式。这些灵活的形式既易于被从业人员接受，也易于形成一种职业道德习惯。

3）从调节的范围来看，职业道德一方面用来调节从业人员内部关系，加强从业人员的凝聚力，另一方面用来调节从业人员与其服务对象之间的关系，从而塑造从业人员的形象。

4）从产生的效果来看，职业道德既能使一定的社会道德原则和规范“职业化”，又能使个人道德品质“成熟化”。职业道德虽然是在特定的职业活动中形成的，但它绝不是脱离社会道德而独立存在的道德类型，始终是在社会道德的制约和影响下存在和发展的。社会道德和职业道德之间的关系，就是一般与特殊、共性与个性之间的关系，任何一种形式的职业道德，都在不同程度上体现着社会道德的要求。同样，社会道德在很大程度上都是通过具体的职业道德形式表现出来的。同时，职业道德主要表现在从业人员的意识和行为中，是道德意识和道德行为成熟的阶段。职业道德与各种职业要求和职业生活结合，具有较强的稳定性和连续性，形成比较稳定的职业心理和职业习惯。

24. 从业人员行为规范

行为规范是用以调节人际交往，实现社会控制，维持社会秩序的工具。它来自主体和客体相互作用的交往经验，是人们说话、做事所依据的标准，也是社会成员都应遵守的规范。不论哪种岗位的从业人员，在工作过程中都要遵守行为规范。

（1）遵守安全生产法律法规和有关规定

安全生产在各行各业都有它的特殊性，从业人员除了遵守《中华人民共和国安全生产法》《中华人民共和国职业病防治法》等安全生产法律法规以外，还要遵守各行业制定的专门规章制度。只有遵法守纪，才能确保安全生产。作为一名合格的从业人员，应遵守企业的各项规章制度，遵守企业劳动纪律，尤其是岗位责任制和操作规程、作业规程，处理好安全与生产的关系。

（2）爱岗敬业

热爱本职工作是一种职业情感，从业人员应该感到责任重大，感到光荣和自豪。从业人员应该树立热爱企业、热爱本职工作的思想，认真工作，培养职业兴趣，干一行、爱一行、专

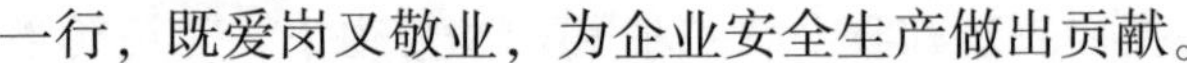

一行，既爱岗又敬业，为企业安全生产做出贡献。

（3）坚持安全生产

许多生产工作环境特殊，作业条件艰苦，情况复杂多变，不安全因素和事故隐患多，稍有疏忽或违章，就可能导致事故发生。因此，安全是企业工作的重中之重，没有安全，生产就无从谈起。安全是广大从业人员的最大福利，只有确保了安全生产，从业人员的辛勤劳动才能切实、真正地对其自身生活产生积极的意义。从业人员一定要按章作业，努力抵制“三违”，做到安全生产。

（4）刻苦钻研职业技能

职业技能也称职业能力，是人们开展职业活动、承担职业责任的能力和手段，包括实际操作能力、业务处理能力、技术能力以及相关的科学理论知识水平等。企业要开展技术创新，推广先进实用的技术、装备、工艺，提升机械化、自动化、信息化和智能化水平，这就要求从业人员刻苦钻研职业技能，提高技术能力，掌握扎实的科学知识。

（5）加强团结协作

企业的发展离不开协作。团结协作、互助友爱是处理企业内部人与人之间以及协作单位之间关系的道德规范。

（6）文明作业

从业人员应爱护材料、设备、工具、仪表，保持工作环境整洁有序，文明作业，着装应符合作业要求。

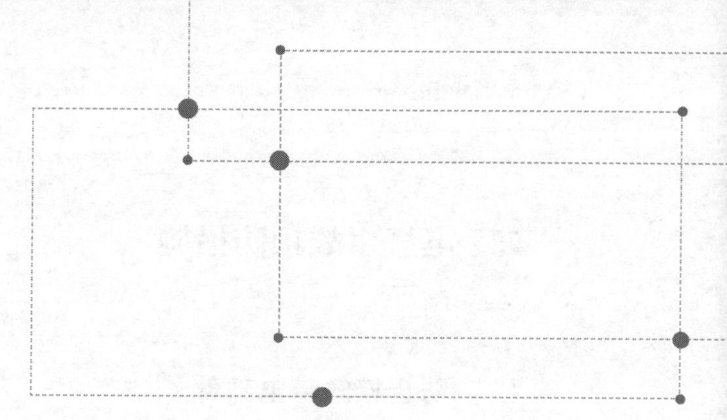

第5章

生产安全事故预防

25. 电气事故预防措施

（1）防止接触带电部件

1）绝缘。即用不导电的绝缘材料把带电体封闭起来，这是防止直接触电的基本保护措施。但要注意绝缘材料的绝缘性能与设备的电压、载流量、周围环境、运行条件等相适应。

2）屏护。即采用栅栏、护罩、护盖、箱闸等把带电体同外界隔离开来。这种屏护用于电气设备不便于绝缘或绝缘不足以保障安全的场合，是防止人体接触带电体的重要措施。

3）安全间距。为防止人体触及或接近带电体，防止车辆等物体碰撞或过分接近带电体，带电体与带电体、带电体与地面、带电体与其他设备设施之间，皆应保持一定的安全间距。安全间距的大小与电压高低、设备类型、安装方式等因素有关。

（2）防止电气设备漏电伤人

保护接地和保护接零是防止间接触电的基本技术措施。

1）保护接地。即将正常运行的电气设备不带电的金属部分和大地紧密连接起来。其原理是通过接地把漏电设备的对地电压限制在安全范围内，防止触电事故。保护接地适用于中性点不接地的电网，电压高于 1 千伏的高压电网中的电气装置外壳也应采取保护接地。

2）保护接零。即在 380 伏/220 伏三相四线制供电系统中，把用电设备在正常情况下不带电的金属外壳与电网中的零线紧密连接起来。其原理是在设备漏电时，电流经过设备的外壳和零线形成单相短路，短路电流烧断熔丝或使低压断路器跳闸，从而切断电源，消除触电危险。保护接零措施适用于电网中性点接地的低压系统。

(3) 采用安全电压

根据生产和作业场所的特点，如作业场所、操作条件、使用方式、供电方式、线路状况等因素，参考《特低电压（ELV）限值》（GB/T 3805—2008）采用相应等级的安全电压，是防止发生触电伤亡事故的根本性措施。安全电压有一定的局限性，适用于小型电气设备，如手持电动工具等。

(4) 漏电保护装置

漏电保护装置又称触电保护器，在低压电网中发生电气设备及线路漏电或触电时，它可以立即发出报警信号并迅速自动切断电源，从而保护人身安全。漏电保护装置按动作原理可分为电压型、零序电流型、泄漏电流型和中性点型四类，其中电压型和零序电流型两类应用较为广泛。

(5) 合理使用绝缘防护用具

在电气作业中，合理匹配和使用绝缘防护用具，对防止触电事故、保障操作人员在生产过程中的安全健康具有重要意义。绝缘防护用具可分为两类：一类是基本安全防护用具，如绝缘棒、绝缘钳、高压验电笔等；另一类是辅助安全防护用具，如绝缘手套、绝缘（靴）鞋、橡皮垫、绝缘台等。

（6）安全用电组织管理措施

防止触电事故，技术措施固然十分重要，组织管理措施也必不可少。组织管理措施包括制订安全用电措施计划和规章制度，进行安全用电检查、教育培训，组织事故分析，建立安全资料档案等。

26. 机械事故预防措施

要保证使用机械设备不发生工伤事故，不仅机械设备本身要符合安全要求，而且更重要的是，操作人员应严格遵守安全操作规程。机械设备的安全操作规程因机械设备种类不同而内容各异，但其基本安全守则包括以下几点：

1）必须正确穿戴个人劳动防护用品。该穿戴的必须穿戴，不该穿戴的就一定不要穿戴。例如，机械加工时要求女职工戴护帽，如果不戴就可能将长头发绞进去；同时要求不得戴手套，如果戴了，机械的旋转部分就可能将手套绞进去，将手绞伤。

2）操作前要对机械设备进行安全检查，而且要空车运转一下，确认正常后，方可投入运行。

3）机械设备在运行中要按规定进行安全检查，特别是要检查紧固的物件是否由于振动而松动，以便重新紧固。

4）机械设备严禁带故障运行，千万不能凑合使用，以防出事故。

5）机械设备的安全装置必须按要求正确调整和使用，不准将其拆掉不用。

6）机械设备使用的刀具、工夹具以及加工的零件等一定要装卡牢固，不得松动。

7）机械设备在运转时，严禁用手调整；也不得用手测量零件，或进行润滑、清扫杂物等工作。如必须进行时，应首先关停机械设备。

8）机械设备运转时，操作人员不得离开工作岗位，以防发生问题时，无人处置。

9）工作结束后，应关闭开关，把刀具和工件从工作位置退出，并清理好工作场地，将零件、工夹具等摆放整齐，打扫好机械设备的卫生。

27. 焊接、切割事故预防措施

（1）焊炬和割炬的安全操作事项

1）按照工件厚薄，选用一定大小的焊炬、割炬。按焊炬、割炬的喷嘴大小，确定氧气和乙炔的压力和气流量。

2）喷嘴与金属板不能相碰。

3）喷嘴堵塞时，应将喷嘴拆下，用捅针从内向外捅开。

4）注意垫圈和各环节的阀门等是否漏气。

5）使用前应将皮管内的空气排出，然后分别开启氧气和乙炔阀门，畅通后才能点火试焊。

6）焊炬、割炬的各部分不得沾染油脂。

7）如焊炬、割炬喷嘴的温度超过了 400 ℃，应用水冷却。

8）点火时应先开启乙炔阀门，点着后再开启氧气阀门。这样做的目的是放出乙炔与空气的混合气体，便于点火和检查乙炔气流是否畅通。

9）乙炔阀门和氧气阀门如有漏气现象，应及时修理。

10）使用前，在乙炔管道上应装置岗位回火防止器。

11）离开工作岗位时，禁止把燃着的焊炬、割炬放在操作台上。

12）交接班或停止焊接时，应关闭氧气和回火防止器阀门。

13）皮管要专用，乙炔管和氧气管不能对调使用。皮管要有标记以便区别。乙炔皮管是绿色的；氧气皮管耐压强度高，一般都是红色的。

14）发现皮管冻结时，应用温水或蒸汽解冻，禁止用火烤，更不允许用氧气去吹乙炔皮管。

15）氧气、乙炔用的皮管不要随便乱放，管口不要贴住地面，以免进入泥土和杂质发生堵塞。

（2）焊接、切割作业中防止回火的措施

所谓回火，是指可燃混合气体在焊炬、割炬内燃烧，并以很快的燃烧速度向可燃气体导管里蔓延扩散的一种现象，其结果可以引起气焊和气割设备燃烧、爆炸。

为防止回火，在焊接、切割操作过程中应做到：焊炬、割炬不要过分接近熔融金属，焊炬、割炬喷嘴不能过热，焊炬、割炬喷嘴不能被金属熔渣等杂物堵塞；焊炬、割炬阀门必须严密，且乙炔阀门不能开得太小，以防氧气倒回乙炔皮管；如果发生回火，要立即关闭乙炔和氧气阀门，并将皮管从乙炔发生

器或乙炔气瓶上拔下；如乙炔气瓶内部已燃烧（白漆皮变黄、起泡），要用自来水冲浇，以降温灭火。

（3）焊补旧容器的安全事项

焊补储存过汽油、煤油、松香、氢氧化钠、硫黄、甲苯、香蕉水、酒精等物质的容器，以及冻结或封闭的管段或停用很久的乙炔发生器桶体等，必须根据具体情况，严格注意以下安全事项：

1）被焊物必须经过反复多次清洗。

2）将被焊物所有的孔盖打开。

3）乙炔管道、回火防止器如果安装在坑道里面、加盖的明沟下或者地坑的井沟内，由于这些部位都有滞留乙炔与空气混合气的可能性，在动火作业前，一定要切断气源，探明有无易燃易爆混合气存在。

4）作业中必须考虑操作人员的行动有无障碍，必须有人监护。

5）当班动火未能完工，下一回或次日再动火时，必须从头重新探查，并采取安全措施。

6）探查有无易爆混合气体存在时，探查人员应有所警惕和隐蔽，确定无危险时，再开始焊补。

7）操作人员严禁站在动火容器的两端。

8）焊补完后，在温度很高的情况下，不能马虎大意。如果急于装入易燃物，就有着火、爆炸的危险。

9）为了保障安全，可以把被焊容器灌满水或充满氮气后点火焊补。

（4）高处或室内焊接、切割作业安全事项

1）高处焊接、切割的安全要求。高处焊接、切割时除必须严格遵守高处作业安全操作规程和注意人身安全外，还必须防止火花落下或飞溅，风力很大时应停止高处作业。如果高处焊接、切割作业下方有易燃物、可燃物时，应移开或者用水喷淋；如果高处焊接、切割作业下方有可燃气体管道，应用湿麻袋、石棉板等隔热材料覆盖。禁止用盛装过易燃易爆物质的容器作为登高垫脚物。焊接、切割设备应远离动火点，并由专人看管。如果在楼上作业，应防止火星沿一些孔洞和裂缝落到下面，落下的熔热金属要妥善处理。

电焊机与高处焊补作业点的距离要大于 10 米，电焊机应有专人看管，以备紧急时立即拉闸断电。

2）室内焊接、切割的安全要求。在密室内作业时，必须将作业场所的内外情况调查清楚，乙炔发生器、氧气瓶、电焊机均不准放在动火焊接、切割的室内。进行焊接、切割作业时，作业场所必须干燥，要严格检查绝缘防护装备是否符合安全要求，并禁止把氧气通入室内用于调节作业场所的空气。凡在易燃易爆车间动火焊补，或者采用带压不置换动火法，或在容器管道裂缝大、气体泄漏量大的室内焊补时，必须分析动火点周围不同部位滞留的可燃物浓度，确保安全可靠时才能施焊。

在焊接、切割时，应打开门窗自然通风，必要时采用机械通风，以降低可燃气体的浓度，防止形成可燃性混合气体。

(5) 气焊过程中发生事故的应急措施

气焊过程中发生事故时，应采取相应的紧急措施。

1）当焊炬、割炬的混合室内发出“嗡嗡”声时，立即关闭焊炬、割炬上的乙炔和氧气阀门，稍停后，开启氧气阀门，将混合室（枪内）的烟灰吹掉，恢复正常后再使用。

2）乙炔皮管燃烧爆炸时，应立即关闭乙炔气瓶或乙炔发生器的总阀门或回火防止器上的输出阀门，切断乙炔的供给。

3）乙炔气瓶的减压器燃烧爆炸时，应立即关闭乙炔气瓶的总阀门。

4）氧气皮管燃烧爆炸时，应立即关闭氧气瓶总阀门，同时把氧气皮管从氧气减压器上取下。

5）换电石时，发气室若发生燃烧爆炸事故，应采取如下处理方法：

①中压乙炔发生器的发气室着火，应立即用二氧化碳灭火器灭火，或者将加料口盖紧以隔绝空气，这样火焰就会熄灭。

②横向加料式乙炔发生器的发气室着火爆炸且把加料口对面或上方的卸压膜冲破时，最好用二氧化碳灭火器灭火。如果现场没有二氧化碳灭火器，则要尽量使电石与水脱离接触，以停止产气或把电石篮取出，使电石尽快脱离发气室，这样火焰很快就能熄灭。

6）加料时在发气室中发生的燃烧爆炸事故，常常是由于电石含磷过多遇水着火或者电石篮碰撞等产生的火花引起的。

事故发生后应立即使电石与水脱离接触以停止产气。如果发气室已与大气连通，最好用二氧化碳灭火器灭火，然后再打开加料口压盖取出电石篮。无此类灭火器材又无法隔绝空气时，要等火熄灭或者火苗很小时，操作人员站在加料口的侧面慢慢地松动加料口压盖螺钉，随后再设法把电石篮取出。

7）当发现发气室的温度过高时，应立即使电石与水脱离接触以停止产气，并采取必要的措施使温度降下来，等温度降下来后才能打开加料口压盖。否则，空气从加料口进入，遇高温就会发生燃烧爆炸事故。

8）如果喷嘴堵塞且乙炔和氧气阀门未关闭，或因其他缘故使氧气进入乙炔皮管和发生器内，都应立即关闭氧气阀门，并设法把乙炔皮管和乙炔发生器内的乙炔和氧气混合气体放净，然后才能点火，否则，会发生爆炸事故。

9）对于浮桶式乙炔发生器，如果浮桶漏气等造成漏气处着火时，严禁拔浮桶，也不要堵漏气处，一般的处理办法是将浮桶蹬倒。

(6) 乙炔发生器使用的安全事项

1）操作人员必须经过培训，熟练地掌握乙炔发生器设备的操作规程、安全技术规程和防火知识，并经考试合格，取得安全操作合格证后，方可独立操作。

2）禁止在超负荷或超过最高工作压力和供水不足的条件下使用乙炔发生器。

3）乙炔发生器与明火、散发火花点以及高压电源线的距离应保持在 5 米以上。

4）乙炔发生器和回火防止器在冬季使用时，如发生冻结，只允许用热水或蒸汽加热解冻，禁止用明火或者用烧红的烙铁加热，更不准用容易产生火花的金属物体敲击。

5）乙炔着火，宜采用干黄沙、二氧化碳灭火器或干粉灭火器灭火，禁止用水、泡沫灭火器或四氯化碳灭火剂灭火。

6）接于乙炔管路的焊炬、割炬或一台乙炔发生器要配合两把以上焊炬、割炬使用时，每把焊炬、割炬都必须配置一个岗位回火防止器，禁止共同使用一个岗位回火防止器。使用时要对其进行检查，保证安全可靠。

7）使用乙炔气时，当管路中压力下降过低时，应及时关闭焊炬、割炬，严禁用氧气抽吸乙炔气，以免造成负压导致乙炔发生器发生爆炸事故。

8）乙炔发生器所使用的电石尺寸应符合标准，严禁将尺寸小于 2 毫米及大于 80 毫米的电石装入料斗。排水式（移动式）乙炔发生器使用电石尺寸应为 25～80 毫米，滴水式乙炔发生器和大型投入式乙炔发生器使用的电石尺寸应为 8～80 毫米。

9）乙炔发生器每次装电石后，使用前应将发生器内留存的混合气体（乙炔与空气）排出，使用时应装足规定的水量，及时排出发气室积存的灰渣。

（7）乙炔气瓶使用、运输和储存过程中的安全事项

1）乙炔气瓶在使用时应防止瓶内的活性炭下沉，禁止敲击、碰撞和剧烈振动。另外，要防止高温影响，防止漏气，防止丙酮渗漏，防止接触有害杂质等。

2）乙炔气瓶在运输时严禁拖动、滚动，用小车运送时要做到轻装轻卸。乙炔气瓶必须直放装车，严禁横向装运，并严禁暴晒、遇明火，禁止和互相抵触的物质混放。严禁将乙炔气瓶与氧气瓶、氯气瓶等以及可燃、易燃物品同车运输。

3）乙炔气瓶不准储存在地下室或半地下室等比较密闭的

场所，不准与氧气瓶、氯气瓶等同库储存。储存量不得超过5瓶；超过5瓶时，应采用不燃材料或难燃材料将其隔成单独的储存间；超过20瓶时，应建造乙炔气瓶仓库，在仓库的醒目地方应设置警示标志。

（8）氧气瓶使用的安全事项

1）氧气瓶不得与其他气瓶混放，不准将氧气瓶内的气体全部用光。在高温天气要防止暴晒，防止用明火烘烤。氧气瓶与焊炬、割炬、炉子等之间的距离应不小于5米，与暖气管、暖气片应保持不小于1米的安全距离。氧气瓶不准沾染油脂，在使用时可垂直或卧放，但均要扣牢。氧气瓶使用后要关紧阀门，拆下氧气减压表，严防氧气用完后既没有关闭阀门，又未拆下减压表而造成乙炔倒灌进入氧气瓶内。

2）氧气瓶的阀门严禁加润滑油，严禁用户私自调换防爆片，运输、储存中必须戴安全帽，并定期检查。

3）安装氧气减压器之前，要略微打开氧气瓶阀门吹除污物，氧气瓶阀门喷嘴不能朝向人体方向。在开启氧气瓶阀门前，先要检查调节螺钉是否松开。对于满瓶的氧气瓶，阀门不能开得太大，以防止氧气进入高压室时产生压缩热，引燃阀内的胶垫圈。氧气减压器与氧气瓶阀门处的接头螺钉要旋合6牙以上，并用扳手紧固。氧气减压器外表涂蓝色，乙炔减压器外表涂白色，两种减压器严禁相互换用。减压器内外均不准沾有油脂，调节螺钉不准加润滑油。

（9）电弧焊作业的安全事项

为防止电弧焊作业过程中发生伤害事故，应注意以下几点：

1）为了防止发生触电事故，电弧焊所用的工具必须安全绝缘，所用设备必须有良好的接地装置，操作人员应穿绝缘胶鞋，戴绝缘手套。如有照明需要，应该使用 36 伏的安全照明灯。

2）为了防止焊接过程中发生火灾，电弧焊现场附近不能有易燃易爆物品。如电弧焊和气焊在同一地点使用，则电弧焊设备和气焊设备、电缆和气焊胶管都应分开放置，相互间最好有 5 米以上的安全距离。

3）为了防止电弧焊作业中的辐射伤人，操作人员必须戴防护面罩、穿防护衣服。

4）电弧焊设备空载电压应为 60~90 伏。

5）电弧焊设备应使用带电保险的电源刀闸，并应装在密闭箱中。

6）使用电弧焊设备前必须仔细检查其一次、二次导线绝缘是否完整，接线是否良好。

7）电弧焊设备与电源接通后，人体不应接触带电部分。

8）在室内或露天现场施焊时，必须在周围设挡光屏，以防弧光伤害眼睛。

9）焊工必须配备有合适滤光板的面罩、干燥的帆布工作服、手套、橡胶绝缘和白光焊接防护眼镜等安全用具。

10）焊接绝缘软线的长度不得小于 5 米，施焊时软线不得搭在身上，地线不得踩在脚下。

11）严禁在起吊部件的过程中，边吊边焊。

12）施焊完毕应及时拉开电源刀闸。

28. 起重事故预防措施

为预防起重伤害事故，必须做到以下几点：

1）起重作业人员须经有资格的培训单位培训并考试合格，才能持证上岗。

2）起重机械必须设有安全装置，如超载限制器、力矩限制器、极限位置限制器、过卷扬限制器、电气防护性接零装置、端部止挡、缓冲器、联锁装置、夹轨器和锚定装置、信号装置等。

3）严格检验和修理起重机机件，如钢丝绳、链条、吊钩、吊环和滚筒等，报废的应立即更换。

4）建立健全维护保养、定期检验、交接班制度和安全操作规程。

5）起重机运行时，禁止任何人上、下，也不能在运行中检修。上、下起重机要走专用梯子。

6）起重机的悬臂能够伸到的区域内不得站人，带电磁吸盘的起重机的工作范围内不得有人。

7）吊运物品时，不得从有人的区域上空经过，吊物上不准站人，不能对吊挂着的物品进行加工。

8）起吊的物品不能在空中长时间停留，特殊情况下应采取安全保护措施。

9）起重机司机接班时，应对制动器、吊钩、钢丝绳和安全装置进行检查，发现异常时，应在操作前将故障排除。

10）开车前必须先打铃或报警。操作中接近人时，也应给予持续铃声或报警。

11）按指挥信号操作。对紧急停车信号，不论是何人发出的，都应立即执行。

12）确认起重机上无人时，才能闭合主电源进行操作。

13）工作中突然断电，应将所有控制器手柄扳回零位；重新工作前，应检查起重机是否工作正常。

14）轨道上露天作业的起重机，在工作结束时，应将起重机锚定；当风力大于 6 级时，一般应停止工作，并将起重机锚定；对于门座起重机等在沿海工作的起重机，当风力大于 7 级时，应停止工作，并将起重机锚定好。

15）在对起重机进行维护保养时，应切断主电源，并挂上警告牌或加锁。如有未消除的故障，应通知接班的司机。

29. 建筑施工事故预防措施

（1）高处作业安全防护措施

凡在坠落高度基准面 2 米（含）以上，有可能坠落的高处进行的作业均称为高处作业。

1）体弱、年老人员以及有恐高症者，不能从事高处作业。

2）遇到 6 级以上强风、大雾、雷雨等恶劣天气，露天场所不能登高。夜间登高要有足够的照明。

3）作业前应检查登高用具是否安全可靠。不得借用设备构筑物、支架、管道、绳索等非登高设备作为登高工具。

4）高处作业必须与高压电线保持安全距离或采取相应的安全防护措施。

5）在高处作业时应戴好安全帽，并系好帽带。要系好安全带，扣好安全绳，安全绳要“高挂低用”，切忌“低挂高用”。

6）在高处不得扔物，大件工具须拴牢，防止掉落；地面监护人或指挥人，应和登高者统一联络信号，下方应设围栏，禁止无关人员进入。如果必须交叉作业，上下须设可靠的隔离措施或警戒线。

7）在石棉瓦上作业时，应用固定跳板或铺瓦梯；在屋面斜坡、坝顶、吊桥、框架边沿及设备顶上等立足不稳处作业时，应搭设脚手架、栏杆和安全网。

8）高处预留孔、起吊孔的盖板或栏杆不得任意移动或拆除，禁止在孔洞附近堆物。如因检修必须移去时，应有防护措施，施工完毕后要及时复原。

9）脚手架等登高设施必须牢固可靠，应有专人维护，使用前应认真检查。

10）长梯、人字梯使用前要检查梯身有无缺陷，梯子下脚要有防滑措施，摆放角度要适当（不大于 60°且不小于 45°）。登梯时，下面要有人扶住，作业时人体的重心不能外倾；梯子不能放在不稳固的物体上；作业前，人字梯的中间要用绳子拴牢。

（2）洞口作业安全防护措施

洞与孔边口旁的高处作业，包括施工现场及通道旁深度在 2 米及 2 米以上的桩孔、人孔、沟槽与管道、孔洞等边缘上的作业称为洞口作业。

施工现场常因工程和工序需要而产生洞口，常见的有楼梯口、电梯井口、预留洞口、井架通道口，这就是通常所说的“四口”。

楼板、层面和平台等处的洞口，根据具体情况采取设防护栏杆、加盖件、张设安全网或装栅门等措施。

1）边长为25~50厘米的洞口，用坚实的木板盖，盖板应能防止挪动移位，并有标识。

2）边长为50~150厘米的洞口，四周设防护栏杆，用密目式安全网围挡，必要时也可在底部横杆下沿设置严密固定的、高度不低于20厘米的踢脚板。

3）边长大于150厘米的洞口，除应根据第2）条设置防护外，洞口处还应张设安全网。

4）电梯井的防护。应设置固定栅门，栅门的高度为175厘米，安装时离楼层面5厘米，上下必须固定，门栅网格的间距应不大于15厘米，同时电梯井内应每隔两层设一道安全网。

5）高度不超过10米的墙面等处的洞口，要设置固定的栅门，其安装方法与电梯井一样。

30. 火灾爆炸事故预防措施

（1）防火、防爆的技术措施

1）防止形成燃爆的介质。可以用通风的办法来降低燃爆物质的浓度，使它达不到爆炸极限，也可以用不燃或难燃物质来代替易燃物质。另外，可采用限制可燃物的使用量和存放量的措施，使其达不到燃烧及爆炸的危险限度。

2）防止产生着火源，使火灾爆炸不具备发生的条件。应严格控制 8 种着火源，即冲击摩擦、明火、高温表面、自燃发热、绝热压缩、电火花、静电火花、光热射线等。

3）安装防火、防爆安全装置，如阻火器、防爆片、防爆窗、阻火闸门以及安全阀等。

（2）防火、防爆的组织管理措施

1）加强对防火、防爆工作的管理。

2）开展经常性防火、防爆安全教育和安全大检查，提高人们的警惕性，及时发现和整改不安全的隐患。

3）建立健全防火、防爆制度。

4）厂区内、厂房内的一切出入口和通往消防设施的通道，不得占用和堵塞。

5）各单位应建立义务消防组织，并配备针对性强和足够数量的消防器材。

6）加强值班值守，严格进行巡回检查。

（3）操作人员应遵守的防火、防爆守则

1）应具有一定的防火、防爆知识，并严格贯彻执行防火、防爆规章制度。

2）应在指定的安全地点吸烟，严禁在工作现场和厂区内吸烟和乱扔烟头。

3）使用、运输、储存易燃易爆气体、液体和粉尘时，一定要严格遵守安全操作规程。

4）在工作现场禁止随便动用明火。确须使用时，必须报请主管部门批准，并做好安全防范工作。

5）对于使用的电气设施，如发现绝缘破损、严重老化、大量超负荷以及不符合防火、防爆要求时，应停止使用，并报告领导予以解决。不得带故障运行，防止发生火灾爆炸事故。

6）应学会使用一般的灭火工具和器材。对于车间内配备的防火防爆工具、器材等，应加爱护，不得随便挪用。

31. 危险化学品事故预防措施

（1）危险化学品火灾的紧急处理措施

1）先控制，后消灭。针对危险化学品火灾的火势发展蔓延快和燃烧面积大的特点，积极采取统一指挥、以快制快，堵截火势、防止蔓延，重点突破，排除险情，分块包围，速战速决的灭火战术。

2）扑救人员应占领上风或侧风位置，以免遭受有毒有害气体的侵害。

3）进行火情侦察、火灾扑救、火场疏散人员应有针对性地采取自我防护措施，如佩戴防护面具，穿戴专用防护服等。

4）应迅速查明燃烧范围、燃烧物品及其周围物品的品名和主要危险特性、火势蔓延的主要途径。

5）正确选择最合适的灭火剂和灭火方法。火势较大时，应先堵截火势，防止蔓延，控制燃烧范围，然后逐步扑灭。

6）对有可能发生爆炸、爆裂、喷溅等特别危险须紧急撤退的情况，应按照统一的撤退信号和撤退方法及时撤退（撤退信号应格外醒目，能使现场所有人员都看到或听到，并应经常演练）。

7）火灾扑灭后，起火单位应当保护现场，接受事故调查，协助消防救援部门和上级安全监督管理部门调查火灾原因，核定火灾损失，查明火灾责任。未经消防救援部门和上级安全监督管理部门的同意，不得擅自清理火灾现场。

（2）可燃气体泄漏的处置措施

1）设置警戒区。泄漏现场警戒区边界应设在可燃气体浓度为爆炸下限的30%处，其范围之内为警戒区。如果是液化石油气泄漏，要按气体扩散范围划定警戒区，警戒范围按液化石油气爆炸浓度下限的1/2，即0.75%确定。因液化石油气密度比空气大，测试仪应布置在贴近地表处。因气体扩散受泄漏量、风力等条件的影响时刻在变化，警戒范围要根据测得的数值随时调整。

2）消除引火源。在警戒区内严禁存在和带入任何火源，必须果断地熄灭可燃气体泄漏扩散危险区的一切火种，中断加热热源；对于该区域内的电气设备，保持其原来状态，不要开或关，及时切断该区域的总电源；进入警戒区的人员，严禁穿钉鞋和化纤衣服；操作各种消防器材、工具、手电、手抬泵、车辆等，严防打出火花；堵漏时应采用不发火器材工具；消防车不准驶入警戒区内，在警戒区内停留的车辆不准再发动行驶。根据现场情况，动员现场周围特别是下风方向的居民和单位职工迅速消除火源。

3）关阀断料。管道发生泄漏，泄漏点处在阀门以后且阀门尚未损坏，可采取关闭输送物料管道阀门，断绝物料源的措施制止泄漏。关闭管道阀门时，必须设喷雾水枪掩护。

4）堵漏封口。管道、阀门或容器壁发生泄漏，且泄漏点处在阀门前或阀门损坏不能关阀止漏时，可使用各种针对性的堵漏器具和方法封堵泄漏口。

32. 厂内运输事故预防措施

1）驾驶员必须有经公安部门考核合格后发给的驾驶证。

2）厂区内行车速度不得超过 15 千米/小时，天气恶劣时不得超过 10 千米/小时，倒车及出入厂区、厂房时不得超过 5 千米/小时，不得在平行铁路装卸线钢轨外侧 2 米以内行驶。

3）装载货物时不得超载，而且货物的高度、宽度和长度应符合公安部门、交通运输部门的规定。对于较大和易滚动的货物，应用绳索拴牢。对于超出车厢的货物，应备有托架。

4）装载超过规定的不可拆解货物时，必须经过企业交通安全管理部门的批准，派专人押运，按指定的线路、时间和要求行驶。

5）装运炽热货物及易燃、易爆、剧毒等危险货物时，应遵守国家标准《工业企业厂内铁路、道路运输安全规程》（GB 4387—2008）的规定。

6）装卸时，汽车与堆放货物之间的距离一般不得小于 1 米，与滚动物品的距离不得小于 2 米。装卸货物的同时，驾驶室内不得有人，不准将货物经过驾驶室的上方装卸。

7）多辆车同时进行装卸时，前后车的间距应不小于 2 米，横向两车拦板的间距不得小于 1.5 米，车身后拦板与建筑物的间距不得小于 0.5 米。

8）倒车时，驾驶员应先查明情况，确认安全后，方可倒车。必要时应有人在车后进行指挥。

9）随车人员应坐在安全可靠的指定部位。严禁坐在车厢侧板上或驾驶室顶上，也不得站在踏板上，手脚不得伸出车厢外。严禁扒车或跳车。

33. 矿山事故预防措施

（1）矿工下井安全要求

1）煤矿是高危行业，矿工入井前要吃好、睡好、休息好，千万不能喝酒，以保持精力充沛。

2）明火和静电可导致瓦斯爆炸及火灾，不能穿化纤衣服和携带香烟及点火物品下井。

3）入井前要随身佩戴矿灯、安全帽，携带自救器，配备不齐或设备不完好不能入井工作。

4）携带锋利工具时，要套好护套，防止伤人。

5）通过班前会可了解工作地点的安全生产情况，明确安全注意事项，掌握防范措施，保障作业安全，因此所有当班人员要按时参加班前会。

6）自觉遵守入井检身制度，听从指挥，排队入井，接受检身。

(2) 矿井下乘车与行走安全要求

1) 上下井乘罐、乘车、乘皮带要听从指挥，不能嬉戏打闹、抢上抢下。

2) 要按照定员乘罐、乘车并关好罐笼门、车门，挂好防护链。不能在机车上或两车厢之间搭乘。

3) 人货混装十分危险，不要乘坐已装物料的罐笼、矿车和皮带。

4) 开车信号已发出和罐笼、人车没有停稳时，严禁上下。

5) 运送火工品时，要听从管理人员安排，千万不能与上下班人员同时乘罐、乘车。

6) 乘罐、乘车行驶途中，不能在罐内、车内躺卧和打瞌睡，不能将头、手脚和携带的工具伸到罐笼和车辆外面；乘皮带行驶途中，不能在皮带上仰卧、打瞌睡和站立、行走，不能用手扶皮带侧帮。

7) 乘坐“猴车”（无级绳绞车）时，不许触摸绳轮，做到稳上、稳下。

8) 在巷道中行走时，要走人行道，不在轨道中间行走，不随意横穿电机车轨道、绞车道。携带长件工具时，要注意避免碰伤他人和触及架空线，当车辆接近时要立即进入躲避硐室暂避。

9) 在横穿大巷，通过弯道、交叉口时，要做到“一停、二看、三通过”；任何人都不能从立井和斜井的井底穿过；在兼作行人的斜巷内行走时，按照“行人不行车，行车不行人”的规定，不要与车辆同行。

10）设置栅栏和挂有危险警告牌的地点十分危险，不能擅自进入；爆破作业经常伤人，不可强行通过爆破警戒线，进入爆破警戒区。

11）严禁扒车、跳车和乘坐矿车，严禁在刮板输送机上行走；在带式输送机巷道中，不能钻过或跨越皮带。

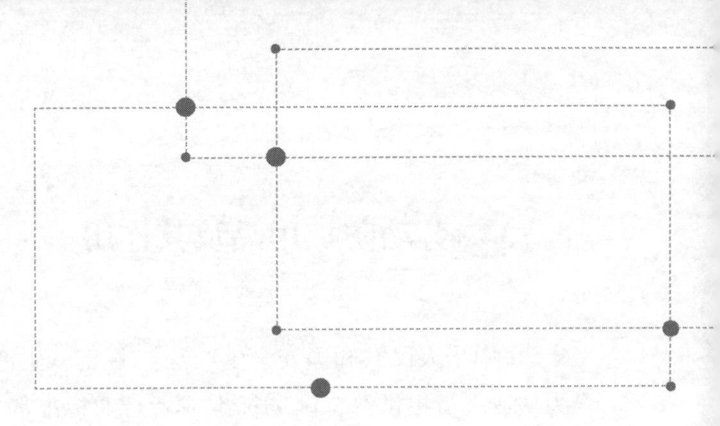

第6章

劳动防护用品和安全警示标识

34. 劳动防护用品及其作用

《中华人民共和国安全生产法》规定，生产经营单位必须为从业人员提供符合国家标准或者行业标准的劳动防护用品，并监督、教育从业人员按照使用规则佩戴、使用。

（1）劳动防护用品

劳动防护用品是指由企业为从业人员配备的，使其在劳动过程中免遭或者减轻事故伤害及职业危害的个体防护装备，分特种劳动防护用品和一般劳动防护用品。劳动防护用品的优劣直接关系从业人员的安全健康，必须经劳动防护用品质量监督检查机构检验合格，并核发生产许可证和产品合格证。基本要求如下：

1）必须严格保证质量，具有足够的防护性能，安全可靠。

2）防护用品所选用的材料必须符合人体生理要求，不能成为危害因素的来源。

3）防护用品要使用方便，不影响正常工作。

（2）劳动防护用品的作用

1）隔离和屏蔽作用。隔离和屏蔽作用是指使用一定的隔离或屏蔽体使人体免受有害因素的侵害。例如，劳动防护用品能很好地隔绝外界的某些刺激，避免皮肤发生皮炎等病态反应。

2）过滤和吸附（收）作用。过滤和吸附（收）作用是指利用防护用品中某些聚合物本身的活性基团对毒物的吸附作用清洁空气，如活性炭等多孔物质可吸附进行排毒。

35. 劳动防护用品的分类

（1）按人体保护部位分类

《劳动防护用品分类与代码》（LD/T 75—1995）实行以人体保护部位划分的分类标准，将劳动防护用品分为头部防护用品、呼吸器官防护用品、眼（面）部防护用品、听觉器官防护用品、手部防护用品、足部防护用品、躯干防护用品、护肤用品及其他劳动防护用品 9 大类。

1）头部防护用品包括一般防护帽、安全帽、防尘帽、防静电帽等。

2）呼吸器官防护用品包括防尘口罩和防毒面罩等。

3）眼（面）部防护用品包括防护眼镜和防护面罩等。

4）听觉器官防护用品包括耳塞、耳罩和防噪声头盔等。

5）手部防护用品包括一般防护手套、防水手套、防寒手套、防毒手套、防静电手套、防高温手套、防 X 射线手套、防酸（碱）手套、防振手套、防切割手套、绝缘手套等。

6）足部防护用品包括防尘鞋、防水鞋、防寒鞋、防静电鞋、防酸（碱）鞋、防油鞋、防烫脚鞋、防滑鞋、防刺穿鞋、电绝缘鞋、防振鞋等。

7）躯干防护用品包括一般防护服、防水服、防寒服、防砸背心、防毒服、阻燃服、防静电服、防高温服、防电磁辐射服、耐酸（碱）服、防油服、水上救生衣、防昆虫服、防风沙服等。

8）护肤用品可分为防毒护肤用品、防腐护肤用品、防射线护肤用品、防油漆护肤用品等。

9）其他劳动防护用品包括防高温、防坠落、水上救生、电绝缘、防滑等劳动防护用品。

（2）按防御的职业病危害因素分类

根据《用人单位劳动防护用品管理规范》（安监总厅安健〔2018〕3 号），劳动防护用品分为以下 10 大类：

1）防御物理、化学和生物危险、有害因素对头部伤害的头部防护用品。

2）防御缺氧空气和空气污染物进入呼吸道的呼吸防护用品。

3）防御物理和化学危险、有害因素对眼面部伤害的眼面部防护用品。

4）防噪声危害及防水、防寒等的耳部防护用品。

5）防御物理、化学和生物危险、有害因素对手部伤害的手部防护用品。

6）防御物理和化学危险、有害因素对足部伤害的足部防护用品。

7）防御物理、化学和生物危险、有害因素对躯干伤害的躯干防护用品。

8）防御物理、化学和生物危险、有害因素损伤皮肤或引起皮肤疾病的护肤用品。

9）防止高处作业人员坠落或者高处落物伤害的坠落防护用品。

10）其他防御危险、有害因素的劳动防护用品。

36. 劳动防护用品管理

用人单位应当依法为从业人员提供劳动防护用品，采取保障从业人员安全与健康的辅助性、预防性措施，不得以劳动防护用品替代工程防护设施和其他技术管理措施。

（1）劳动防护用品管理要求

1）用人单位应当健全劳动防护用品管理制度，加强劳动防护用品配备、发放、使用等管理工作。

2）用人单位应当安排专项经费用于配备劳动防护用品，不得以货币或者其他物品替代。该项经费计入生产成本，据实列支。

3）用人单位应当为从业人员提供符合国家标准或者行业标准的劳动防护用品。使用进口的劳动防护用品的，其防护性能不得低于我国相关标准。

4）从业人员在作业过程中，应当按照规章制度和劳动防护用品使用规则，正确佩戴和使用劳动防护用品。

5）用人单位使用的劳务派遣工、接纳的实习学生应当纳入本单位人员统一管理，并配备相应的劳动防护用品。对处于作业地点的其他外来人员，必须按照与进行作业的从业人员相同的标准，正确佩戴和使用劳动防护用品。

(2) 劳动防护用品的选用要求

1）同一工作地点存在不同种类的危险、有害因素时，应当为从业人员同时提供防御各类危害的劳动防护用品。同时配备的劳动防护用品，应考虑其可兼容性。

2）从业人员在不同地点工作，并接触不同类型或不同危害程度的危险、有害因素时，为其选配的劳动防护用品应满足不同工作地点的防护需求。

3）劳动防护用品的选择应当考虑其佩戴的基本舒适性，根据个人特点和需求选择适合型号、式样。

4）用人单位应当在可能发生急性职业损伤的有毒、有害工作场所配备应急劳动防护用品，放置于现场临近位置并设置醒目标识。

5）用人单位应当为巡检等流动性作业的从业人员配备随身携带的个人应急防护用品。

(3) 劳动防护用品维护、更换及报废

1）劳动防护用品应当按照要求妥善保存，及时更换，保证其在有效期内。公用的劳动防护用品应当由车间或班组统一保管，定期维护。

2）用人单位应当对应急劳动防护用品进行经常性的维护、检修，定期检测劳动防护用品的性能和效果，保证其完好有效。

3）用人单位应当按照劳动防护用品发放周期定期发放，对工作过程中损坏的，用人单位应及时更换。

4）安全帽、呼吸器、绝缘手套等安全性能要求高、易损

耗的劳动防护用品，应当按照有效防护功能最低指标和有效使用期，到期强制报废。

37. 安全标志及其使用管理

（1）安全色

安全色是指用以传递安全信息含义的颜色，包括红、蓝、黄、绿四种颜色。

1）红色。用以传递禁止、停止、危险或者提示消防设备、设施的信息，如禁止标志等。

2）蓝色。用以传递必须遵守规定的指令性信息，如指令标志等。

3）黄色。用以传递注意、警告的信息，如警告标志等。

4）绿色。用以传递安全的提示信息，如提示标志等。

安全色普遍适用于公共场所、企业和交通运输、建筑、仓储等行业以及消防等领域所使用的信号和标志的表面颜色，但是不适用于灯光信号和航海、内河航运以及其他目的而使用的颜色。

（2）对比色

对比色是指使安全色更加醒目的反衬色，包括黑、白两种颜色。

安全色与对比色同时使用时，应按规定搭配使用。安全色及其对比色见表 6–1。

表 6-1　　　　安全色及其对比色

安全色	对比色
红色	白色
蓝色	白色
黄色	黑色
绿色	白色

对比色使用时，黑色用于安全标志的文字、图形符号和警告标志的几何图形；白色作为安全标志红、蓝、绿色的背景色，也可用于安全标志的文字和图形符号；红色和白色、黄色和黑色间隔条纹，是两种较醒目的标示；红色与白色交替，表示禁止越过，如道路及禁止跨越的临边防护栏杆等；黄色与黑色交替，表示警告危险，如防护栏杆、吊车吊钩的滑轮架等。

（3）安全标志

安全标志是由安全色、几何图形和图形符号构成的，是用来表达特定安全信息的标记，分为禁止标志、警告标志、指令标志和提示标志四大类。

禁止标志的含义是禁止人们的不安全行为，如图 6-1 所示。

禁止吸烟

禁止跨越

禁止饮用

图 6-1　禁止标志示例

警告标志的含义是提醒人们对周围环境引起注意，以避免可能发生的危险，如图 6-2 所示。

注意安全

当心火灾

当心触电

图 6-2　警告标志示例

指令标志的含义是强制人们必须做出某种动作或采取防范措施，如图 6-3 所示。

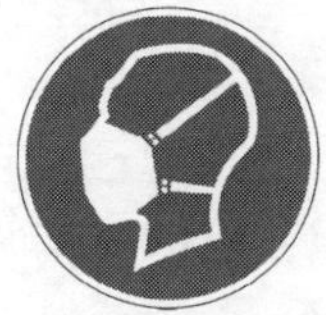
必须戴防尘口罩

必须戴安全帽

必须系安全带

图 6-3　指令标志示例

提示标志的含义是向人们提供某种信息（如标明安全设施或场所等），如图 6-4 所示。

紧急出口

避险处

可动火区

图 6-4　提示标志示例

安全标志一般设在醒目的地方，人们看到后有足够的时间来注意它所表示的内容。不能设在门、窗、架子等可移动的物体上，因为这些物体位置移动后安全标志就起不到作用了。

（4）安全标志的使用与管理

《安全标志及其使用导则》（GB 2894—2008）等国家标准规定了安全色、基本安全图形和符号，以及安全标志的使用与管理规定，详细内容请参阅国家标准有关内容。烟花爆竹等一些高危行业根据《安全标志及其使用导则》（GB 2894—2008）的原则，还制定了有本行业特色的安全标志（图形或符号）。

38. 职业病危害警示标识

职业病危害警示标识是指在工作场所中设置的可以提醒从业人员对职业病危害产生警觉并采取相应防护措施的图形标识、警示线、警示语句和文字说明以及组合使用的标识。用人单位应在产生或存在职业病危害因素的工作场所、作业岗位、设备或材料（产品）包装、储存场所设置相应的警示标识。产生职业病危害的工作场所，应当在工作场所入口处及产生职业病危害作业岗位或设备附近的醒目位置设置警示标识。警示标识包括图形标识、警示语句、职业病危害告知卡等。

（1）图形标识

根据《工作场所职业病危害警示标识》（GBZ 158—2003）的规定，图形标识分为禁止标识、警告标识、指令标识、提示标识和警示线共 5 种。

1）禁止标识。禁止不安全行为的图形，如禁止入内、禁止停留和禁止启动标识。

2）警告标识。提醒注意周围环境，以避免可能发生危险的图形，如当心中毒、当心腐蚀、当心感染等标识。

3）指令标识。强制做出某种动作或采用防范措施的图形，如戴防护镜、戴防毒面具、戴防尘口罩等标识。

4）提示标识。提供相关安全信息的图形，如救援电话标识。

5）警示线。警示线是界定和分隔危险区域的标识线，分为红色、黄色和绿色 3 种。按照实际需要，警示线可喷涂在地面或制成色带设置。

生产、使用高毒或剧毒物品的工作场所应当设置红色区域警示线。警示线设在生产、使用有毒物品的车间周围外缘不少于 30 cm 处，警示线宽度不少于 10 cm。

室外、野外放射工作场所及室外、野外放射性同位素及其储存场所应设置相应警示线；开放性放射工作场所监督区设置黄色区域警示线，控制区设置红色区域警示线。

（2）警示语句

警示语句是一组表示禁止、警告、指令、提示或描述工作场所职业病危害的词语。警示语句可单独使用，也可与图形标识组合使用。基本警示语句见表 6–2。

表 6–2　　基本警示语句

序号	语句内容	序号	语句内容
1	禁止入内	5	当心腐蚀
2	禁止停留	6	当心感染
3	禁止启动	7	当心弧光
4	当心中毒	8	当心辐射

续表

序号	语句内容	序号	语句内容
9	注意防尘	33	剧毒
10	注意高温	34	高毒
11	有毒气体	35	有毒
12	噪声有害	36	有毒有害
13	戴防护镜	37	遇湿分解放出有毒气体
14	戴防毒面具	38	当心有毒气体
15	戴防尘口罩	39	接触可引起伤害
16	戴护耳器	40	皮肤接触可对健康产生危害
17	戴防护手套	41	对健康有害
18	穿防护鞋	42	接触可引起伤害和死亡
19	穿防护服	43	麻醉作用
20	注意通风	44	当心眼损伤
21	左行紧急出口	45	当心灼伤
22	右行紧急出口	46	强氧化性
23	直行紧急出口	47	当心中暑
24	急救站	48	佩戴呼吸防护器
25	救援电话	49	戴防护面具
26	刺激眼睛	50	戴防溅面具
27	遇湿具有刺激性	51	佩戴射线防护用品
28	刺激性	52	未经许可，不许入内
29	刺激皮肤	53	不得靠近
30	腐蚀性	54	不得越过此线
31	遇湿具有腐蚀性	55	泄险区
32	窒息性	56	不得触摸

(3) 警示说明

使用可能产生职业病危害的化学品、放射性同位素和含有放射性物质的材料的，必须在使用岗位设置醒目的警示标识和中文警示说明，警示说明应当载明产品特性、主要成分、存在的有害因素、可能产生的危害后果、安全使用注意事项、职业病防护以及应急救治措施等内容。

使用可能产生职业病危害的设备的，除设置警示标识外，还应当在设备醒目位置设置中文警示说明。警示说明应当载明设备性能、可能产生的职业病危害、安全操作和维护注意事项、职业病防护以及应急救治措施等内容。

为用人单位提供可能产生职业病危害的设备或可能产生职业病危害的化学品、放射性同位素和含有放射性物质的材料的，应当依法在设备或者材料的包装上设置警示标识和中文警示说明。

39. 职业病危害告知卡

对产生严重职业病危害的作业岗位，除设置警示标识外，还应当按照《高毒物品作业岗位职业病危害告知规范》（GBZ/T 203—2007）的规定，在其醒目位置设置职业病危害告知卡（以下简称告知卡）。告知卡应当标明职业病危害因素的名称、理化特性、健康危害、接触限值、防护措施、应急处理及急救电话，职业病危害因素检测结果及检测时间等。符合以下条件之一，即为产生严重职业病危害的作业岗位：

1）存在矽尘或石棉粉尘的作业岗位。

2）存在致癌、致畸等有害物质或者可能导致急性职业性中毒的作业岗位。

3）放射性危害作业岗位。

根据《工作场所职业病危害警示标识》（GBZ 158—2003）的规定，存在《高毒物品目录》中化学毒物的工作场所也应当在醒目位置设置告知卡。

40. 公告栏与职业病危害警示标识、告知卡的设置与管理

（1）公告栏与职业病危害警示标识、告知卡设置场所

公告栏与职业病危害警示标识、告知卡的主要作用是使从业人员对职业病危害因素产生警觉，并自觉采取相应防护措施。企业职业卫生管理人员应掌握企业常见的职业病危害，掌握相应的公告栏与职业病危害警示标识、告知卡如何设置。

1）公告栏应设置在用人单位办公区域、工作场所入口处等方便从业人员观看的醒目位置。

2）告知卡应设置在产生或存在严重职业病危害的作业岗位附近的醒目位置。

3）用人单位多处场所都涉及同一职业病危害因素的，应在各工作场所入口处均设置相应的警示标识。

4）工作场所内存在多个产生相同职业病危害因素的作业岗位的，临近的作业岗位可以共用警示标识和告知卡。

5）多个警示标识在一起设置时，应按禁止、警告、指令、提示类型的顺序，先左后右、先上后下排列。

6）可能产生职业病危害的设备及化学品、放射性同位素和含放射性物质的材料（产品）包装上，可直接粘贴、印刷或者喷涂警示标识。

此外，公告栏与职业病危害警示标识、告知卡设置的位置应具有良好的照明条件，不应设置在门窗上或可移动的物体上，且其前面不得放置妨碍认读的障碍物。

若工作场所出现了新的职业病危害因素，应判断是否需要增加新的警示标识。当国家或地方制定的工作场所职业病危害告知和警示规定发生变化时，应按照新的标准和要求设置警示标识。工作场所职业病危害告知和警示标识内容应列入企业职业卫生培训范围，职业卫生管理人员及一线从业人员均应了解和掌握相关内容，理解警示标识的含义和事故应急措施。

（2）公告栏、告知卡和警示标识制作规格

公告栏和告知卡制作时应使用坚固材料，尺寸大小和内容应满足需要，内容通俗易懂、字迹清楚、颜色醒目，设置的高度应适合从业人员阅读。警示标识（不包括警示线）制作选用坚固耐用、不易变形变质、阻燃的材料。有触电危险的工作场所则使用绝缘材料。

警示标识的规格要求等按照《工作场所职业病危害警示标识》（GBZ 158—2003）执行，避免设置无效的警示标识。

（3）公告栏与警示标识的维护与更换

公告栏和警示标识由于环境或人为影响，可能发生破损，公告栏和警示标识的内容也会因相关工艺或国家标准变动需要及时更新，因此，职业卫生管理人员需要定期对其进行检查和

更换，使从业人员掌握最新、最准确的职业病危害相关知识。

公告栏中公告内容发生变动后应及时更新，职业病危害因素检测结果应在收到检测报告之日起 7 日内更新。生产工艺发生变更时，应在工艺变更完成后 7 日内补充完善相应的公告栏与警示标识内容。

告知卡和警示标识应至少每半年检查一次，发现有破损、变形、变色、图形符号脱落等影响使用的问题时，应及时修整或更换。

用人单位应按照《国家安全监管总局办公厅关于印发职业卫生档案管理规范的通知》（安监总厅安健〔2013〕171 号）的要求，完善职业病危害告知与警示标识档案材料，并将其存放于本单位的职业卫生档案。

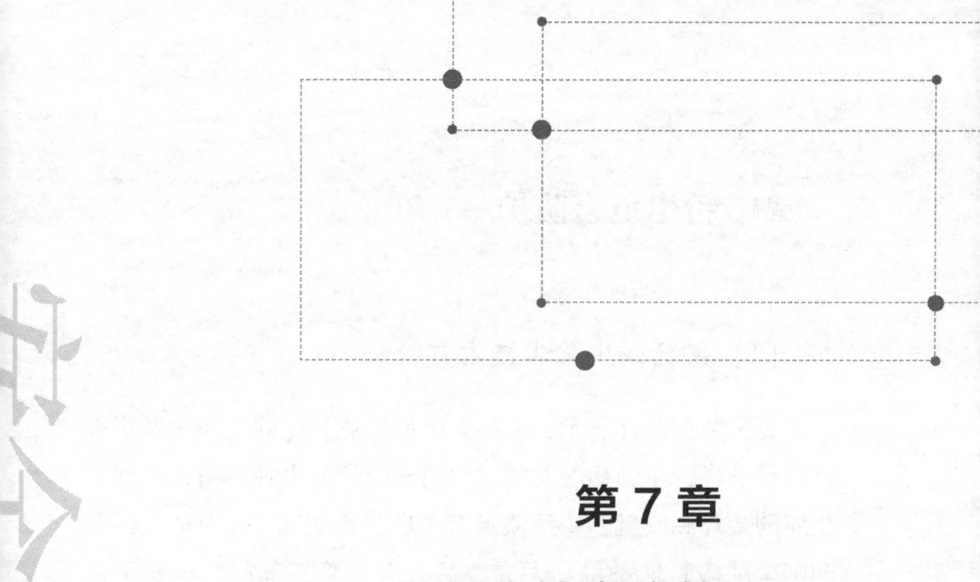

第 7 章

职业健康防护

41. 粉尘危害防护

(1) 综合防尘降尘技术方针

有关数据统计显示，近年大中型工业企业的尘肺病发病率已明显下降，尘肺病的发病时间明显延长，尘肺病病人得到了相应的治疗和安置，生活质量有了明显的提高。《中华人民共和国尘肺病防治条例》发布之后，有关管理部门、科研单位和工业企业结合实际情况，逐步探索实施了粉尘防治管理制度改革和技术创新。例如，矿山推广湿式作业，在矿井实行全面机械通风，在扬尘点进行喷雾洒水；机械制造行业实行密闭作业和局部通风；铸造业中采用无矽或低含矽砂代替石英砂，应用水爆法开箱、密闭清砂；耐火材料厂将原料传送置于地下等。这些管理与技术上的创新与发展，都极大地降低了工业企业生产场所的粉尘浓度，有效地减少了尘肺病的发生。这些综合防尘措施和工程上的综合防尘技术经过总结提炼，形成了独具特色的综合防尘降尘“八字方针”，即“革、水、密、风、管、教、护、检”。

1）“革”。“革”即工艺改革。以低粉尘、无粉尘物料代替高粉尘物料，以不产尘设备、低产尘设备代替高产尘设备，这是减少或消除粉尘污染的根本措施。

2）“水”。“水”即湿式作业。湿式作业可以有效地防止粉尘飞扬。

3）“密”。“密”即密闭尘源。使用密闭的生产设备或者将敞口设备改成密闭设备，这是防止和减少粉尘外逸，治理作业场所空气污染的重要措施。

4）“风”。“风”即通风除尘。受生产条件限制，设备无法密闭或密闭后仍有粉尘外逸时，要采取通风措施，将产尘点的含尘气体直接抽走，确保作业场所空气中的粉尘浓度符合国家标准限值。

5）“管”。“管”是指工业企业领导、作业场所负责人要重视防尘工作，防尘设施要改善，维护管理要加强，确保防尘除尘设备良好、高效运行。

6）“教”。“教”是指加强防尘宣传教育，普及防尘知识，使接触粉尘人员对粉尘危害有充分的了解和认识。

7）“护”。“护”是指加强劳动防护。受生产条件限制，在粉尘无法控制或高浓度粉尘条件下作业，必须合理、正确地使用防尘口罩、防尘服等劳动防护用品。

8）“检”。“检”又被称为“查”，即检查，主要是指加强职业健康检查：定期对接触粉尘人员进行体检；对从事特殊作业的人员应发放保健津贴；有作业禁忌证的人员，不得从事接触粉尘的作业等。

（2）工业企业防尘设计

1）防尘技术标准规范。我国有系统化的粉尘防治法律法规制度体系，同时配套有更加全面具体的粉尘防治标准规范系统，现行相关国家标准主要由《工业企业设计卫生标准》（GBZ 1—2010）和《工作场所有害因素职业接触限值　第 1 部分：化学有害因素》（GBZ 2. 1—2019）以及各类行业领域防尘防毒技术规程、规范［如《石棉生产企业防尘防毒技术规程》（WS 718—2015）、《造纸企业防尘防毒技术规范》（WS/T 732—2015）、《卷烟制造企业防尘防毒技术规范》（WS 719—2015）、《印刷企业防尘防毒技术规范》（WS 713—2012）等］组成，另外还有各类有关防尘防毒技术及其设备的专业性国家标准。这些都是工业企业设计及预防性和经常性监督检查、监测粉尘危害的依据。

2）工业企业防尘设计要求。根据《工业企业设计卫生标准》（GBZ 1—2010），在选择厂房位置时，应考虑自然条件对企业生产的影响以及企业和周边区域的相互影响，厂区总平面布置注意功能分区的划分，满足基本卫生要求；在安排产尘工序位置时，要以防止或减少粉尘对其他工序生产环境污染为原则。

①厂址方面：要有良好的水文、地质、气象等自然条件，不应在居住区、学校、医院和其他人口密集的被保护区域内建设工厂；厂址应位于被保护对象全年最小频率风向的上风侧。在同一区域内有多个企业时，应避免彼此间的污染物产生交叉污染。

②厂区平面布置方面：产生粉尘的生产设施应布置在厂区全年最小频率风向的上风侧，且应在地势开阔、通风条件良好的地段，并应避免采用封闭式或半封闭式的布置形式；产生粉尘的车间与产生毒物的车间应分开，并在产生粉尘的车间与其他车间及生活区之间设有一定的卫生防护绿化带。

③厂房平面结构方面：厂房的迎风面与夏季主导风向宜成60°~90°夹角，最小也不应小于45°；平面结构以“L”“П”“Ш”形为宜，开口部分应位于夏季主导风向的迎风面，而各翼的纵轴与主导风向成0°~45°夹角；在考虑风向的同时，应

尽量使厂房的纵向墙朝南北方向，以减少西晒。

④工艺布局方面：工艺设备和生产流程的布局应使主要工作地点和操作人员多的工段位于车间内通风良好、空气环境清洁的地方；一些操作人员多、工艺操作要求较高的工作场所一般应布置在夏季主导风向上风侧，而产尘较多、污染严重的工段应布置在夏季主导风向的下风侧，这样可以改善整个生产流程的空气环境，使从业人员免受粉尘的危害；在布置工艺设备和安排工艺流程时，应该为通风除尘系统的合理布置提供必要的条件。

42. 化学毒物危害防护

（1）管理控制

管理控制是指按照国家法律法规和标准建立起来的管理程序和措施，是预防作业场所化学毒物危害的管理方法和手段。管理控制的内容主要包括危害识别、安全标签、安全技术说明书、安全储存、安全传送、安全处理与使用、废弃物处理、接触监测、医学监督。

1）危害识别。识别化学毒物危害性的原则是要弄清所使用或正在生产的化学品种类，其引起伤害事故和职业病的机理，引起火灾、爆炸的原理与后果，溢出和泄漏后对环境的危害程度等。

《工作场所安全使用化学品规定》（劳部发〔1996〕423号）明确规定，对化学品进行危险性鉴别是生产单位的责任。

生产单位必须对自己生产的化学品进行危险性鉴别，并进行标识，对生产的化学品加贴安全标签，并向用户提供安全技术说明书，确保有可能接触化学品的人员都能得到化学品危害性的信息，一旦发生事故能随时得到技术支持。

2）安全标签。所有盛装化学品的容器都要加贴安全标签，而且要经常检查，确保标签合格。贴安全标签的目的是向使用者警示此种化学品的危害性以及一旦发生事故应采取的救护措施。《化学品安全标签编写规定》（GB 15258—2009）对标签的内容、制作和使用作了详细规定。生产单位出厂的危险化学品，其包装上必须加贴标准的安全标签，出厂的非危险化学品应有标识。当一种危险化学品需要从一个容器分装到其他容器时，必须在所有的分装容器上贴上安全标签。

3）安全技术说明书。安全技术说明书详细描述了化学品的燃爆、毒性和环境危害，给出了安全防护、急救措施、安全储运、泄漏应急处理等方面的信息，是了解化学品安全卫生信息的综合性资料。生产单位必须随产品向用户提供标准的安全技术说明书，采购、使用单位应主动向供应商索取安全技术说明书。

4）安全储存。为了加强对危险化学品储存的安全管理，危险化学品的储存场所、储存安排、储存限量、储存管理和具体做法等都必须符合国家标准要求。具体应遵守下列规定：

①禁忌物不能放在一起。例如，把酸和氰化物放在一起，一旦意外撒出混合则能产生致人中毒甚至死亡的氰化氢气体。

②不能将化学品放在易发生化学反应的环境中。

③储存容器必须完好，并按规定排列，不能泄漏、生锈或损坏。

④要有适当的通风。易燃或有爆炸危险的化学品应存放于低温、通风好的地方，并远离火源。

⑤仓库应与厂房及生活区分开并远离饮用水水源。

⑥应配备自动火灾防护系统。

⑦应配备防火门、自动报警系统，使用防爆电气。

⑧避免静电起火，采用防静电措施。

⑨仓库的储存量不应过多，应限制在维持生产正常运行所必需的量。

5）安全传送。作业场所之间的化学品一般是通过管道、传送带或铲车、有轨道的小轮车、手推车传送的。用管道传送化学品时，必须保证阀门与法兰完好，整个管道系统无跑、冒、滴、漏现象。尽可能采用密封式传送带，以避免粉尘扩散。如果化学品高速高压通过各种系统，必须避免产生热，否则将引起火灾或爆炸。用铲车传送化学品时，道路要足够宽，并有清楚的标志，以减少冲撞及溢出的可能性。

6）安全处理与使用的具体措施如下：

①作业场所要有防护措施，如通风、屏蔽等。

②使用化学品的人员应具有化学品安全方面的专业知识，接受过专业培训。

③使用化学品的人员应看懂安全标签和安全技术说明书的内容，了解所接触的化学品的特性，选择适当的劳动防护用品，掌握事故应急方法和操作注意事项。

④使用易燃化学品时控制好火源。

⑤要定期检查劳动防护用品和其他安全装置的完好性。

⑥确保应急装备处于完好、可使用状态。

7）废弃物处理。生产过程都会产生一定数量的废弃物，有害的废弃物处理不当不仅对从业人员的健康有害，还有可能发生火灾和爆炸，造成环境污染。有害废弃物的处理要有操作规程，有关人员应接受适当的培训。所有的废弃物应装在特制的有标签的容器内，并运送到指定的地点进行废弃处理。

8）接触监测。车间有害物质（包括蒸气、粉尘和烟雾）浓度的监测是评价作业环境质量的重要手段，是用人单位职业安全健康管理的一个重要内容。接触监测要有明确的监测目标和对象，在实施过程中要拟定监测方案，结合现场实际和生产的特点，合理运用采样方法、方式，正确选择采样地点，掌握好采样的时机和周期，并采用最可靠的分析方法。对所得的监测结果要进行认真的分析研究，与国家标准中的接触限值进行比较，若发现问题，应及时采取措施，控制污染和危害源，减少其与作业人员的接触。

9）医学监督。医学监督包括健康监护、疾病登记和健康评定。定期的健康监护有助于发现从业人员在接触有害因素早期的健康改变和职业病危害，通过既往的疾病登记和定期的健康评定，可对有害因素接触者的健康状况做出评估。

(2) 技术措施

通过采取适当的技术措施消除或降低工作场所的危害，可有效防止从业人员在正常作业时受到有害物质的侵害。主要技术措施包括替代、变更工艺、隔离、通风。

1）替代。控制、预防化学物质危害最理想的方法是不使用有毒有害和易燃易爆的化学物质，但这一点很难做到，通常的做法是选用无毒或低毒的化学物质替代有毒有害化学物质，选用相对难燃化学物质替代易燃化学物质。替代物较被替代物虽然更安全，但并不是绝对安全的，使用过程中仍需要加倍小心。

2）变更工艺。虽然替代是控制化学物质危害的首选方案，但是目前可供选择的替代品往往是很有限的，特别是因技术和经济方面的原因，不可避免地要生产、使用有害化学物质。这时，可通过变更工艺或改造设备消除或降低化学物质危害。

3）隔离。隔离就是通过封闭、设置屏障等措施，避免从业人员直接暴露于有害环境中。最常用的隔离方法是将生产或使用的设备完全封闭起来，使从业人员在操作中不接触有害化学物质。一定要认真检查封闭系统，因为即使很小的泄漏，也可能使工作场所有害物浓度超标，危及从业人员。

4）通风。通风是控制作业场所中有害气体、蒸气或粉尘的有效措施。借助于通风技术，使作业场所空气中的有害气体和蒸气的浓度低于标准规定的限值，是保障从业人员身体健康的主要技术措施，能有效防止中毒、火灾、爆炸事故的发生。在生产经营活动中，通风常被称为工业通风，其技术应用有关内容详见专业教材或资料。

43. 物理因素危害防护

（1）高温预防措施

按照高温作业职业接触限值的要求，采取综合防暑降温措施是预防与控制高温所致疾病与热损伤的必要途径。

1）技术措施如下：

①合理设计工艺流程。合理设计工艺流程，改进生产设备和操作方法是改善高温作业劳动条件的根本措施。

热源的布置应符合下列要求：

A. 尽量布置在车间外面。

B. 采用热压为主的自然通风时，尽量布置在天窗下面。

C. 采用穿堂风为主的自然通风时，尽量布置在夏季主导风向的下风侧。

此外，温度高的成品和半成品应及时运出车间或堆放在下风侧。

②隔热。隔热是防止热辐射的重要措施，可以采用水和各种导热系数小的材料进行隔热。对热源采取隔离措施，热源之间设置隔墙（板），使热空气沿着隔墙上升，经过天窗排出，以免热的气体扩散到整个车间。

③通风降温。根据实际情况选择通风方式。

2）卫生保健措施如下：

①供给饮料和补充营养。高温作业人员应补充与出汗量相等的水分和盐分。一般每人每天供水 3~5 升，盐 20 克左右。8 小时工作日内出汗量超过 4 升时，除从食物中摄取盐外，尚应通过饮料补充适量盐分。饮料的含盐量以 0.15%~0.20%为宜，饮水方式以少量多次为宜。

高温作业人员膳食中的总热量应比普通作业人员高，最好能达到 12 600~13 860 千焦。蛋白质增加到总热量的 14%~15%为宜。此外，还要注意补充维生素和钙等营养物质。

②对高温作业人员应进行就业前和入夏前体检。凡有心血管、呼吸、中枢神经、消化和内分泌等系统的器质性疾病患

者，以及过敏性皮肤瘢痕患者、重病后恢复期及体弱者，均不宜从事高温作业。

3）个体防护。高温作业人员的工作服，应以耐热、导热系数小而透气性能好的织物为主。为了防止辐射热对健康的损害，可选穿白色帆布或铝箔制的工作服。此外，根据不同高温作业的需求，可供给高温作业人员工作帽、防护眼镜、面罩、手套、鞋盖、护腿等个人劳动防护用品。特殊作业人员如炉衬热修、清理钢包等作业人员，应佩戴隔热面罩并穿着隔热、阻燃、通风的防护服，如喷涂金属（铜、银）的隔热面罩、铝膜隔热服等。

4）组织措施。要加强管理，严格遵守高温作业职业卫生标准和有关规定，做好防暑降温工作。必要时可根据工作场所的气候特点，适当调整夏季高温作业的劳动和作息制度。

（2）低温预防措施

1）做好防寒保暖工作。应按照《工业企业设计卫生标准》（GBZ 1—2010）和《民用建筑供暖通风与空气调节设计规范》（GB 50736—2012）的规定，提供采暖设备，使作业场所保持合适的温度。

2）注意个人防护。环境温度低于-1℃，尚未出现中心体温过低时，表浅或深部组织即可冻伤，因此手、足和头部的防寒很重要。防护服要具有导热系数低、吸湿和透气性强的特性。在潮湿环境下工作，应提供橡胶工作服、围裙、长靴等个人防护用品。

3）增强耐寒体质。人体皮肤在长期和反复寒冷作用下，表皮会增厚，御寒能力增强。经常冷水浴、冷水擦身或较短时间的寒冷刺激结合体育锻炼，均可提高人体对低温环境的适应能力。此外，平时应适当增加富含脂肪、蛋白质和维生素的饮食。

（3）异常气压预防措施

1）高气压预防措施如下：

①技术革新。例如，在建桥墩时，可采用管柱钻孔法代替沉箱作业，使作业人员可在水面上工作而不必进入水下高气压环境。

②遵守安全操作规程。暴露在高气压环境下，须遵照安全减压时间表，逐步返回到正常气压状态，目前多采用阶段减压法。

③卫生保健措施。工作前要注意防止过度劳累，严禁饮酒，加强营养。对高气压作业人员，建议多食用高热量、高蛋白的食物，适当增加维生素的摄入量，如维生素 E 可有效抑制血小板的凝集作用。工作时应注意防寒保暖，工作结束后宜饮用热饮料、洗热水澡等。

做好就业前的体检工作，特别是肩、髋、膝关节及肱骨、股骨和胫骨的 X 线检查，合格者才可从事相关工作；就业后每年应做 1 次体检，并持续到停止高气压作业后的 3 年为止。

④职业禁忌证。患神经、精神、循环、呼吸、泌尿、运动、内分泌、消化等系统的器质性疾病和明显的功能性疾病者，患眼、耳、鼻、喉及前庭器官的器质性疾病者，年龄超过 50 岁者，患各种传染病且未愈者，过敏体质者等，均不宜从事接触高气压的工作。

2）低气压预防措施如下：

①控制登高速度与高度。逐渐、缓慢地步行登山，发生急性高原病的概率相对较低。因此，由平原进入高山地区时，应坚持阶梯式升高的原则，逐步适应。为防止或减少高原病的发生，以每日平均登高小于 1 000 米为宜。目前研究认为，5 000 米高度是人体进行正常生活和工作的安全极限。

②适应性锻炼。高原适应的速度和程度，可以通过适应性锻炼得到逐步提高。例如，可先在海拔相对较低的高原地带进行一定的体力锻炼，以增强人体对缺氧的耐受能力。对初入高原者，应适当减少体力劳动，以后视适应的具体情况，再逐渐增加劳动量。

③保健措施。低气压环境工作的人员，饮食中应含有足够的热量和合理的营养，如供给多种维生素、高蛋白质、中等脂肪及适当的碳水化合物等。应注意保暖，预防急性呼吸道感染等。

④健康检查。进入高原地区的人员需要进行体检，凡患有明显的心、肺、肝、肾等疾病，以及高血压Ⅱ期、严重贫血者，均不宜进入高原地区。

（4）噪声预防措施

1）控制噪声源。根据具体情况采取技术措施，控制或消除噪声源，是从根本上解决噪声危害的一种方法。可采用无声或低噪声设备代替发出强噪声的设备，如用无声液压代替高噪声的锻压，以焊接代替铆接等，均可收到较好的效果。在生产工艺过程允许的情况下，可将噪声源如电机或空气压缩机等移至车间外或更远的地方，否则应采取隔声措施。此外，设法提高机器制造的精度，尽量减少机器零部件的撞击和摩擦，减少机器的振动，也可以明显降低噪声强度。在进行工作场所设计时，合理配置声源，将噪声强度不同的机器分开放置，有利于减少噪声危害。

2）控制噪声的传播。在控制噪声传播方面，应用吸声和消声技术，可以获得较好效果。采用吸声材料装饰在车间的内表面，如墙壁或屋顶，或在工作场所内悬挂吸声体，可吸收辐射和反射的声能，使噪声强度减低。具有较好吸声效果的材料有玻璃棉、矿渣棉、棉絮或其他纤维材料。在某些特殊情况下，为了获得较好的吸声效果，需要使用吸声尖劈。消声是降低动力性噪声的主要措施，可用于风道和排气管，常用的有阻性消声器、抗性消声器，消声效果较好。

还可以利用一定的材料和装置，将声源或需要安静的场所封闭在一个较小的空间中，使其与周围环境隔绝，即隔声室、隔声罩等。在建筑施工中将机器或振动体的基底部与地板、墙壁连接处设隔振或减振装置，也可以起到降低噪声的效果。

3）制定职业接触限值。尽管噪声对人体产生不良影响，但在生产中要想将其完全消除，既不经济也不可能。因此，制定合理的职业卫生标准，将噪声强度限制在一定范围内，是防止噪声危害的主要措施之一。

《工作场所有害因素职业接触限值　第 2 部分：物理因素》（GBZ 2. 2—2007）规定，噪声职业接触限值为每周工作 5 天，每天工作 8 小时，稳态噪声限值为 85 分贝，非稳态噪声等效声级的限值为 85 分贝；每周工作日不足 5 天，应计算 40 小时等效声级，限值为 85 分贝。

4）个体防护。当工作场所的噪声强度暂时不能得到有效控制，且需要在高噪声环境下工作时，佩戴个人劳动防护用品是保护听觉系统的一项有效的防护措施。最常用的劳动防护用品是耳塞，一般由橡胶或软塑料等材料制成，隔声效果在 20 分贝左右。此外，还有耳罩、帽盔等。在某些特殊环境下工作，可将耳塞和耳罩合用，以充分保护人体免受噪声危害。

5）健康监护。应定期对接触噪声的从业人员进行健康检查，特别是听力检查，观察听力变化情况，以便早期发现听力损伤，及时采取有效的防护措施。从事噪声作业人员应进行就业前检查，取得听力的基础资料，凡有听觉系统疾患、中枢神经系统和心血管系统器质性疾患或自主神经功能失调者，均不宜从事噪声作业。

噪声作业人员应定期进行健康体检，发现有高频听力下降者，应及时采取适当的防护措施。对于听力明显下降者，应尽早调离噪声作业环境并进行定期检查。

6）合理安排劳动和休息。对从事接触噪声作业的人员，可适当安排工间休息，休息时应脱离噪声环境，使听觉疲劳得以恢复。应经常检测工作场所的噪声强度，监督检查预防措施的执行情况及效果。

（5）振动预防措施

1）控制振动源。改革生产工艺过程，进行技术革新，通过减振、隔振等措施，减轻或消除振动源的振动，是预防振动危害的根本措施。例如，采用减压、焊接、黏接等新工艺代替风动工具铆接工艺；采用水力清砂、水爆清砂、化学清砂等工艺代替风铲清砂；设计自动或半自动操纵装置，减少手部和肢体直接接触振动的机会；工具的金属部件改用塑料或橡胶，可减少因撞击而产生的振动；采用减振材料降低交通工具、作业平台等大型设备的振动。

2）限制作业时间和振动强度。振动职业卫生标准是进行卫生监督的依据。通过研制和实施振动作业的职业卫生标准，限制接触振动的强度和时间，可有效地保护从业人员的健康，是预防振动危害的重要措施。

3）改善作业环境。加强作业过程或作业环境中的防寒、保暖措施，特别是在北方寒冷季节的室外作业，需要穿戴防寒和保暖衣物。振动工具的手柄温度如能保持在 40 ℃，对预防振动性白指的发生具有较好的效果。控制作业环境中的噪声、毒物和空气湿度等因素，对预防振动危害有一定作用。

4）个人防护。合理配置和使用个人劳动防护用品，如防振手套、减振座椅等，可以减轻振动的危害。

5）加强健康监护和日常卫生保健。依法对振动作业人员进行就业前和定期健康检查，实施三级预防，早期发现、及时处理患病个体；加强健康管理和宣传教育，提高相关人员健康意识；定期监测振动工具的振动强度，结合职业卫生标准，合理安排作业时间。长期从事振动作业的人员，尤其是手臂振动病患者应加强日常卫生保健，日常生活应有规律，坚持适度的体育锻炼。

（6）非电离辐射预防措施

1）红外辐射预防措施。反射性铝制遮盖物和铝箔衣服可减少红外线的暴露量，降低熔炼工、热金属操作工的热负荷。相关生产作业中，严禁裸眼观看强光源，操作时应佩戴能有效过滤红外线的防护眼镜。

2）紫外辐射预防措施。紫外辐射防护措施以屏蔽以及增加作业点与辐射源的距离为原则。

电焊工及其辅助工种必须佩戴专业的防护面罩、防护眼镜、防护服和手套。电焊工操作时应使用移动屏障围住操作区，以免其他工种作业人员受到紫外线照射；非电焊工禁止进入操作区，严禁裸眼观看电焊。电焊时产生的有害气体和烟尘，应采用局部排风加以排除。接触低强度紫外辐射源如低压水银灯、太阳灯、黑光灯等，可佩戴专业护目镜来保护眼睛。

3）微波预防措施。微波防护的基本原则是屏蔽辐射源，加大作业点与辐射源的距离，合理地进行个人防护，具体措施如下：

①在调试高功率微波设备（如雷达）的参数时，可使用等效天线，以减少对人员不必要的辐射。

②采用微波吸收或反射材料屏蔽辐射源。

③使用防护眼镜和防护服等个人劳动防护用品。

4）激光预防措施。对激光的防护措施如下：

①安全教育和安全措施。所有从事激光作业的人员，必须先接受激光危害及安全防护的教育。工作场所应制定安全操作规程，明确操作区和危险带，要有醒目的警告牌，提醒无关人员禁止入内。严禁裸眼观看激光束。就业前、在岗期间应做好健康检查。

②激光器防护。凡激光束可能泄漏的部位，应设置防激光封闭罩。必须安装激光开启与光束停止的联锁装置。

③工作环境防护。工作室围护结构应用吸光材料制成，色调宜暗。工作区采光宜充足，室内不得有反射、折射光束的用具和物品。

④个人劳动防护用品。防护服的颜色宜略深以减少反光，

防护眼镜在使用前必须经专业人员鉴定，并定期测试。

⑤卫生标准。《工作场所有害因素职业接触限值 第2部分：物理因素》（GBZ 2.2—2007）中规定了工作场所眼直视激光束和激光照射皮肤的职业接触限值。

44. 放射性因素危害防护

放射性因素危害即电离辐射危害，其防护措施主要包括外照射防护、内照射防护、健康监护和监督管理。

（1）外照射防护

外照射防护主要是减少和消除外源性照射对人体的影响，防护措施主要包括屏蔽防护、距离防护和时间防护。

1）屏蔽防护。原子序数大的物质对辐射线具有较大的吸收能力。选择和使用有效屏蔽设施，在人与放射源之间设置防护屏障，如利用铅、钢筋水泥等对辐射线的吸收作用，可降低照射到人体的电离辐射剂量，达到保护人体健康的目的。

2）距离防护。某位点的辐射剂量或剂量率与放射源距离的平方成反比，距放射源越远，辐射剂量率越小。通过对辐射场所的分区（控制区、监督区）进行分级管理，以设置和增加距离的方式，可尽可能减小对距离外受照射人员的辐射损伤。

3）时间防护。辐射损伤的程度与接触时间有关，接触时间越长，损害越严重。因此，尽可能减少作业或接触时间，以减少辐射剂量，减轻放射性损伤程度。

(2) 内照射防护

内照射防护主要是防止放射性物质经各种途径进入人体，同时有效控制放射性物质向空气、水体、土壤逸散，相关防护措施主要涉及工程技术措施、个人防护措施和管理措施。应创造良好的环境控制措施，尽可能降低辐射环境中可能形成内照射的放射性物质水平，再通过个人防护措施进一步减少经不同途径进入人体的放射性物质剂量。

1）呼吸道防护。通风、收集、净化处理可能形成内照射的放射性物质，降低其在环境中的存在水平；按实际需要规范配备、使用、管理呼吸防护用品，保持其防护效果，最大限度地降低经呼吸道进入人体的放射性物质水平。

2）消化道防护。防止放射性物质污染食物、水源、大气。禁止在工作区饮食、吸烟，禁止放射性物质沾染物件、污染饮食环境，从事放射性工作的人员应使用口、鼻防护用品。

3）皮肤防护。规范使用工作服、防护帽、面罩、手套、鞋袜等个体防护用品；工作结束时，进行污染检测，避免皮肤污染和形成内照射。

(3) 健康监护

按照《放射工作人员健康要求及监护规范》（GBZ 98—2020）的要求，定期规范从业人员的职业健康检查，分析、评价从业人员健康状况，建立职业健康监护档案并进行规范管理，为分析、评价和改善从业人员健康状况创造条件。

（4）监督管理

严格按照有关法律、法规、规范、标准等，对涉及放射性作业的物料、机构、人员、设备、环境等进行规范管理，并不断提高监督管理水平，严格控制涉及放射性因素危害的各环节，预防放射性职业病的发生。

45. 生物因素危害防护

（1）炭疽芽孢杆菌危害防护

1）发现病畜及时宰杀销毁，应采用焚烧或深埋的方法，不可解剖，对病畜的污染物及排泄物要彻底消毒。

2）皮毛要严格检疫和消毒，采用环氧乙烷气体消毒效果较好。

3）加强劳动保护，定期体检。饭后用2%～3%来苏溶液洗手，用1%高锰酸钾漱口，人体暴露部位如有伤口，应暂时脱离接触原料毛皮。

4）隔离炭疽患者，直至其痊愈并且实验室检查正常。

（2）布鲁氏菌危害防护

1）给疫区牲畜进行预接种，每年1次，连续接种3～5年，发现病畜应及时宰杀，病畜肉要进行高温处理。

2）疫区内从事屠宰、皮毛加工人员及兽医要加强防护，要穿戴防护衣帽、口罩及乳胶手套等。

3）疫区有关人员应用减毒活菌苗接种，每年 1 次。

（3）森林脑炎病毒危害防护

1）加强防蜱灭蜱。

2）在林区工作时：穿“五紧”（即扎紧两袖口、一领口和两裤脚口）防护服及高筒靴，头戴防虫罩；衣帽可浸邻苯二甲酸二甲酯，每套 200 克，有效期 10 天。

3）病人衣服应进行消毒灭蜱。

4）疫苗接种。每年 3 月前注射森林脑炎病毒疫苗，第一次 2 毫升，第二次 3 毫升，间隔 7～10 天，以后每年加强 1 针。

46. 其他因素危害及其防护

《职业病危害因素分类目录》（国卫疾控发〔2015〕92 号）中的其他职业病危害因素共 3 种，分别是金属烟、井下不良作业条件、刮研作业，导致的职业病有金属烟热，井下作业所致滑囊炎（限于井下工人），股静脉血栓综合征、股动脉闭塞症或淋巴管闭塞症（限于刮研作业人员）。

金属烟热为急性职业病，由吸入金属屑加热过程释放出的大量新生成的金属屑氧化物粒子所引起，临床表现为流感样发热，有发冷、发热以及呼吸系统症状，是以典型性体温升高和白细胞数量增多等为主要症状的全身性疾病。

滑囊炎是指井下工人在特殊的劳动条件下，致使滑囊急性外伤或由长期摩擦、受压等机械因素所引起的无菌性炎症改变。

刮研作业是利用刮刀、基准表面、测量工具和显示剂，以手工操作的方式，边研点、边测量、边刮研加工，使工件达到工艺规定的尺寸、几何形状、表面粗糙度和密合性等要求的一项精加工工序。手工刮研作业人员由于长时间受压易引起股静脉血栓综合征、股动脉闭塞症或淋巴管闭塞症。

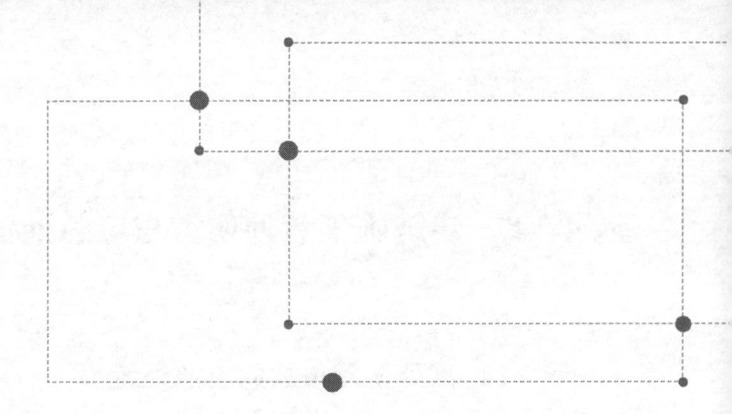

第 8 章

生产安全事故应急处置

47. 建筑施工意外伤害与应急处置

（1）高处坠落事故的应急处置

高处坠落事故在建筑施工中属于常见多发事故。人从高处坠落受到的高速坠地冲击力，会使人体组织和器官遭到一定程度破坏并引起损伤，通常为多个系统或多个器官的损伤，严重者当场死亡。

1）颌面部受伤者急救。首先应保持呼吸道畅通，摘除义齿，清除移位的组织碎片、血凝块、口腔分泌物等，同时松解伤员的颈、胸部纽扣。若伤员的舌已后坠或口腔内异物无法清除时，可用 12 号粗针头穿刺环甲膜以维持呼吸，尽可能早作气管切开。

2）脊椎受伤者急救。用消毒的纱布或清洁布等覆盖伤口，用绷带或布条包扎。搬运时，将伤者平卧放在帆布担架或硬板上，以免受伤的脊椎移位、断裂造成截瘫，甚至导致死亡。转送脊椎受伤者，搬运过程严禁只抬伤者的两肩与两腿或单肩背运。

3）手足骨折者急救。不要盲目搬动手足骨折者，应在骨折部位用夹板把受伤位置临时固定，使断端不再移位或刺伤肌肉、神经或血管。固定方法：以固定骨折处上下关节为原则，可就地取材，用木板、竹片等。

4）复合伤者急救。要求伤者平仰卧位，保持呼吸道畅通，解开衣领扣。若伤者为周围血管伤，应压迫伤部以上动脉至骨骼，直接在伤口上放置厚敷料，绷带加压包扎以不出血和不影响肢体血循环为宜。

此外，需要注意的是，在搬运和转送伤者的过程中，其颈部和躯干不能前屈或扭转，而应使其脊柱伸直。绝对禁止对伤员一个抬肩、一个抬腿的搬法，以免导致或加重截瘫。

(2) 触电事故的应急处置

触电急救的基本原则是动作迅速、方法正确。有资料指出，从触电后 1 分钟开始救治者，90%有良好效果；从触电后 6 分钟开始救治者，10%有良好效果；从触电后 12 分钟开始救治者，救活的可能性很小。

1）脱离电源。发现有人触电后，应立即关闭开关、切断电源。同时，用木棒、皮带、橡胶制品等绝缘物品挑开触电者身上的带电物体。立即拨打急救中心电话。应防止触电者脱离电源后可能的摔伤，特别是当触电者在高处的情况下，应考虑采取防摔措施。

2）解开妨碍触电者呼吸的紧身衣服，检查触电者的口腔，清理口腔黏液，如有假牙，则应取下。

3）立即就地抢救。当触电者脱离电源后，应根据触电者的具体情况，迅速对症救护。现场应用的主要救护方法是人工呼吸法和胸外心脏按压法。应当注意，急救要尽快进行，不能完全等待医生的到来，在送往医院的途中，也不能中止急救。

4）如有电烧伤的伤口，应包扎后到医院就诊。

(3) 物体打击事故的应急处置

建筑施工中，为做好物体打击事故发生后的应急处置，应在事前制定应急预案，建立健全应急预案组织机构，做好人员分工。在事故发生的时候，应做好应急抢救，如对伤员进行现场包扎、止血等措施，防止其流血过多而死亡。需要注意的是，日常应备有应急物资，如简易担架、跌打损伤药品、纱布等。

发生物体打击事故后，在应急处置中要注意以下几点：

1）一旦有事故发生，首先要高声呼喊，通知现场安全员，马上拨打急救电话，并向上级领导及有关部门报告。

2）当发生物体打击事故后，尽可能不要移动伤员，尽量当场施救。抢救的重点应放在处理颅脑损伤、胸部骨折和出血上。

3）发生物体打击事故后，应马上组织抢救伤员，观察伤员的受伤情况、部位、伤害性质。如果伤员发生休克，应先处理休克。遇呼吸、心搏停止者，应立即进行人工呼吸、胸外心脏按压急救。处于休克状态的伤员要让其安静、保暖、平卧、少动，并将下肢抬高约 20°，尽快送医院进行抢救治疗。

4）如果伤员出现颅脑损伤，必须维持呼吸道通畅，昏迷者应平卧，面部转向一侧，以防舌根下坠或吸入分泌物、呕吐物，发生喉阻塞。有骨折者，应初步固定后再搬运。遇有凹陷骨折、严重的颅底骨折及严重的脑损伤症状出现，用消毒的纱布或清洁布等覆盖伤口，用绷带或布条包扎后，及时就近送有条件的医院治疗。

5）重伤人员应马上送往医院救治，一般伤员在等待救护车的过程中，相关人员要在大门口迎接救护车，按预定程序处理事故，最大限度地减少人员和财产损失。

（4）施工机械意外伤害的应急处置

发生施工机械意外伤害事故后，急救步骤如下：首先要移开产生伤害的物体，使伤员呼吸道畅通，止住出血和防止休克；其次是处理骨折；最后处理一般伤口。

如果伤员一次出血量达全身血量的 1/3 以上时，生命就有危险，因此及时止血是非常重要的。可用现场物品如毛巾、纱布、工作服等立即采取止血措施。如果创伤部位有异物且不在重要器官附近，可以拔出异物，处理好伤口，如无把握就不要随便将异物拔掉，应由医生来检查、处理，以免伤及内脏及较大血管，造成大出血。

（5）施工坍塌事故的应急处置

1）摸清情况，及时报告。应及时了解和掌握现场的整体情况，并向上级领导报告。同时，根据现场实际情况，拟定坍塌救援实施方案，在现场实行统一指挥和管理。

2）设立警戒，疏散人员。坍塌发生后，应及时划定警戒区域，设置警戒线，封锁事故路段的交通，隔离围观群众，严禁无关车辆及人员进入事故现场。

3）迅速开展侦察。派遣搜救小组进行搜救，对如下几个重要问题进行询问和侦察：

①坍塌部位和范围，可能涉及的受害人数。

②受害人或现场失踪人可能所处的位置。

③受害人存活的可能性。

④展开现场施救需要的人力和物力方面的帮助。

⑤坍塌现场的火情状况。

⑥现场二次坍塌的危险性。

⑦现场可能存在的爆炸危险性。

⑧现场施救过程中其他方面潜在的危险性。

4）切断气源、电源和自来水水源，并控制火灾或爆炸。建筑物坍塌现场到处可能缠绕着拉断的带电电线电缆，随时威胁着被埋压人员和施救人员的安全；断裂的燃气管道泄漏的气体既会形成爆炸性气体混合物，又会增强现场火灾的火势；从断裂的供水管道流出的水能很快将地下室或现场低洼的坍塌空间淹没。因此，应要求当地的供电、供气、供水部分的检修人员立即赶赴现场，通过关断现场附近的局部总阀或开关消除危险。

5）现场清障，开辟进出通道。迅速清理进入现场的通道，在现场附近开辟救援人员和车辆集聚空地，确保现场有一个急救场所和一条供救援车辆进出的通道。

6）搜寻坍塌废墟内部空隙存活者。完成对在坍塌废墟表面受害人的救援后，应立即实施坍塌废墟内部受害人的搜寻，因为有火灾的坍塌现场，烟火同样会很快蔓延到各个生存空间。搜寻人员最好要携带一支水枪，以便及时驱烟和灭火。

7）清除局部坍塌物，实施局部挖掘救人。清除现场废墟上的坍塌物可能触动那些承重的不稳定构件引起现场二次坍塌，使被压埋人员再次受伤。因此，清理局部坍塌物之前，要制定初步的方案，行动要极其细致谨慎，要尽可能地选派有经验或受过专门训练的人员承担此项工作。

8）坍塌废墟的全面清理。在确定坍塌现场再无被埋压的生存者后，才允许进行坍塌废墟的全面清理工作。

48. 煤矿生产意外伤害与应急处置

(1) 瓦斯爆炸事故的应急处置

煤矿井下一旦发生瓦斯爆炸事故，现场班队长、跟班干部要立即组织人员正确佩戴好自救器，引领人员按避灾路线到达最近的新鲜风流中，第一时间向矿调度室报告事故地点、现场灾难情况，同时向所在单位值班员报告。

安全撤离时要正确佩戴好自救器，快速撤离，不要慌乱，尽量低行。

如因爆炸破坏了巷道中的避灾路线指示牌而迷失了行进的方向，遇险人员应朝着有风流通过的巷道方向撤退。在撤退沿途和所经过的巷道交叉口，应留设指示行进方向的明显标志，以提示救援人员注意。

在撤退途中听到爆炸声或感觉到有空气冲击波时，应立即背向声音和气浪传来的方向，脸向下迅速卧倒，双手置于身体下面，闭上眼睛，头部要尽量放低。最好躲在水沟边上或坚固的掩体后面，用衣服遮盖身体的裸露部分，以防火焰和高温气体灼伤皮肤。

当唯一的出口被封堵无法撤退时，应有组织地进行灾区自救，等待救援人员的营救。

在瓦斯爆炸事故中，永久避难硐室是遇险人员无法撤出或一时难以撤出灾区时，暂时避难待救的场所。永久避难硐室在瓦斯爆炸时能够起到较好的避灾效果，但由于空间比较狭小，容纳人员有限，且随着工作面的不断向前推进，避难硐室距离工作面也越来越远，因此，遇险人员在遇到瓦斯爆炸事故时很难及时到达避难硐室。发生瓦斯爆炸事故后，遇险人员一时难以沿着避灾路线撤出灾区或难以迅速到达避难硐室时，应立即佩戴自救器，到附近的、掘进长度较长的、有压风管路且瓦斯爆炸前正常通风但事故时断电停风的掘进独头巷道内避灾，等待救援人员救援。

进入避难硐室前，应在硐室外留设文字、衣物、矿灯等明显标志，以便于救援人员实施救援。进入硐室后，遇险人员应开启压风自救系统，可有规律地间断敲击金属物、顶帮岩石，发出呼救联络信号，以引起救援人员的注意，指示自身所在的位置。

(2) 煤矿井下火灾的应急处置

在煤矿井下，无论任何人发现了烟雾或明火，确认发生了火灾，要立即报告调度室。火灾初起时是灭火的最佳时机，如果火势不大，应立即直接灭火，切不可惊慌失措，四处奔跑。

灭火时要有充足的水量，从火源外围逐渐向火源中心喷射水流；要保持正常通风，并要有畅通的回风通道，以便及时将高温气体和蒸汽排出；用水灭电气设备火灾时，首先要切断电源；不宜用水扑灭油类火灾；灭火人员不准站在火源的回风侧，以免烟气伤人。

如果火势较大无法扑灭，或者其他位置发生火灾接到撤退命令时，要组织避灾和进行自救。此时要迅速戴好自救器，有组织地撤退。处在火源上风侧的人员，应逆着风流撤退；处在火源下风侧的人员，如果火势小，越过火源没有危险时，可迅速穿过火区到火源上风侧，或顺风撤退，但必须找到捷径，尽快进入新鲜风流中撤退。撤退时应迅速果断，忙而不乱，同时要随时注意观察巷道和风流的变化情况，谨防火风压可能造成的风流逆转。

如果巷道已有烟雾但不大时，要戴好自救器（无自救器或自救器已超过有效使用时间时，应用湿毛巾捂住口、鼻），尽量躬身弯腰，低头快速前进；烟雾大时，应贴着巷道底和巷道壁，摸着铁道或管道快速爬出，迅速撤离。一般情况下不要逆着烟流方向撤退，在有烟且视线不清的情况下，应摸着巷道壁、支架、管道或铁道前进，以免错过通往新鲜风流的连通出口。

在高温浓烟巷道中撤退时，应将衣服、毛巾打湿或向身上淋水进行降温，利用随身物品遮挡头面部，防止高温烟气刺激等。万一无法撤离灾区时，应迅速进入避难硐室，或者就近找一个硐室或其他较安全地点进行避灾自救，等待救援。

如因火灾破坏了巷道中的避灾路线指示牌而迷失了行进的方向时，应朝着有风流通过的巷道方向撤退。在撤退沿途和所经过的巷道交叉口，应留设指示行进方向的明显标志，以提示救援人员注意。

当唯一的出口被封堵无法撤退时，应在现场管理人员或有经验的老工人的带领下进行灾区避灾，以等待救援人员的营救。进入避难硐室前，应在硐室外留设文字、衣物、矿灯等明显标志，以便于救援人员及时发现，前往营救。入硐室后，开启压风自救系统，可采取有规律地敲击金属物、顶帮岩石等方法，发出呼救联络信号，以引起救援人员的注意，指示所在的位置。

(3) 煤矿透水事故的应急处置

井下一旦发生透水事故，应以最快的速度通知附近地区工作人员，一起按照规定的避灾路线撤出。现场班队长、跟班干部要立即组织人员按避水路线安全撤离到新鲜风流中。撤离前，应设法将撤退的行动路线和目的地告知调度室，到达目的地后再报调度室。

要特别注意“人往高处走”，切不可进入透水点附近下方的独头巷道。由于透水时，水势很猛，冲力很大，现场人员应立即避开出水口和泄水流，躲避到硐室内、巷道拐弯处或其他安全地点。若情况紧急来不及躲避，可抓牢棚梁、棚腿或其他固定物，防止被水打倒或冲走。在存在有毒有害气体危害的情况下，一定要佩戴自救器。

人员撤出透水区域后，应立即将防水闸门紧紧关死，以隔断水流。在撤退行进中，应靠巷道一侧，抓牢支架或其他固定物，尽量避开压力水头和泄水主流，要防止被流动的矸石、木料撞伤。如果巷道中照明和路标被破坏，迷失了前进方向，应朝有风流的上山方向撤退。在撤退沿途和所经过的巷道交叉口，应留设指示行进方向的明显标志。从立井梯子向上爬时，应有序行进，手要抓牢，脚要蹬稳。撤退中，如冒顶或积水已造成巷道堵塞，可找其他通道撤出。

当唯一的出口被封堵无法撤退时，应在现场管理人员或有经验的老工人的带领下避灾，等待救援人员的营救，严禁盲目潜水等冒险行为。

当避灾处低于外部水位时，不得打开水管、压风管供风，以免水位上升。必要时，可设置挡墙或防护板，阻止涌水、煤矸和有害气体的侵入。避灾处外口应留衣物、矿灯等作为标志，以便救援人员发现。

重大透水事故的避难时间一般较长，应节约使用矿灯，合理安排随身携带的食物，保持安静，尽量避免不必要的体力消耗和氧气消耗，采用各种方法与外部联系。长时间避难时，避难人员要轮流担任岗哨，注意观察外部情况，定期测量气体浓度，其余人员应静卧保持体力。避难人员较多时，硐室内可留一盏矿灯照明，其余矿灯应关闭备用。在硐室内，可有规律地间断敲击金属物、顶帮岩石，发出呼救联络信号，以引起救援人员的注意，指示避难人员所在的位置。在任何情况下，所有避难人员都要坚定信心，互相鼓励，保持镇定的情绪。被困期间断绝食物后，即使在饥渴难忍的情况下，也应努力克制自己，不嚼食杂物充饥，尽量少饮或不饮不洁净的水。需要饮用井下水时，应选择适宜的水源，并用纱布或衣服过滤，以免造成食道损伤。

长时间避难后得救时，不可吃硬质和过量的食物，要避开强烈的光线，以免损伤眼睛。

（4）冒顶事故的应急处置

冒顶事故的发生一般是有预兆的。井下人员发现冒顶预兆，应立即进入安全地点避灾。如果来不及进入安全地点，要靠煤壁贴身站立（但应防止片帮），或到木垛处避灾。

发生冒顶事故后，现场班队长、跟班干部要根据现场情况，判断冒顶事故发生的地点、灾情、原因、影响区域，进行现场处置。如果无第二次大面积顶板动力现象，应立即组织对受困人员进行施救，防止事故扩大。

现场救援人员必须在保证巷道通风、后路畅通、现场顶帮维护好的情况下施救，施救过程中必须安排专人进行顶板观察、监护。当出现大面积顶板来压等异常情况或当通风不良、瓦斯浓度急剧上升而有瓦斯爆炸危险时，必须立即撤离到安全地点，等待救援。

在巷道掘进施工时，应经常检查巷道支架、顶板情况，做好维护工作，防止前面施工、后面“关门”的堵人事故。一旦被堵，则应沉着冷静，同时维护好冒落处和避灾处的支护，防止冒顶进一步扩大，并有规律地向外发出呼救信号，但不能敲打威胁自身安全的物料和岩石，更不能在条件不允许的情况下强行挣扎脱险。若被困时间较长，则应减少体力消耗，节水、节食和节约矿灯用电。若有压风管，应用压风管供风，做好长时间避灾的准备。

抢救被煤和矸石埋压的人员时，要首先加固冒顶地点周围的支架，确保抢救中不会再次冒落，并预留好安全退路，保障救援人员自身安全，然后采取措施。救人时，要首先清理遇险人员的口鼻堵塞物，使其呼吸系统畅通。禁止用镐刨煤、矸，小块用手搬，大块应采用千斤顶、液压起重气垫等工具，绝对不允许用锤砸。

应根据现场实际情况开展救助工作，在现场对轻伤伤员进行包扎，并将其抬放到安全地带；对骨折伤员，不要轻易挪动，要先采取固定措施；对出血伤员，要先止血，等待救援人员到来。

除救人和处理险情等紧急需要外，一般不得破坏现场。

发生冒顶事故抢救人员时，用呼喊、敲击或采用生命探测仪探测等方法，判断遇险人员位置，与遇险人员保持联系，鼓励他们配合抢救工作。在支护好顶板的情况下，用掘小巷、绕道通过垮落区或使用矿山救护轻便支架穿越垮落区的方法接近被埋、被堵人员。若无法接近，应设法利用压风管路等提供新鲜空气、饮料和食物。

处理冒顶事故时，应指定专人检查瓦斯浓度和观察顶板情况，发现异常，立即撤出人员。

49. 冶金生产意外伤害与应急处置

(1) 煤气泄漏的应急处置

钢铁冶炼过程中会产生多种副产品煤气。由于煤气中含有大量易燃易爆、有毒有害物质，在生产、运输、储存和使用过程中，存在中毒、火灾和爆炸危险。

发生煤气泄漏时应按以下方法进行应急处置：

1）关闭送气阀。事发单位发现煤气泄漏，应立即报告，操作人员按规程关闭送气阀门，打开紧急放散阀门进行减压。

2）空气稀释。强制向泄漏区排风，疏散泄漏区煤气。

3）检查抢修。工程抢险人员必须佩戴好防毒面罩，进入现场详细检查，找出原因；在确保安全的前提下，工程抢险人员应迅速开展对泄漏点的抢修堵漏工作。

4）煤气泄漏较严重时，应迅速划分危险单元，组织治安队在目标单元周围 200 米范围内设立警戒线，严禁无关人员及车辆通过，查禁所有明暗火源。

5）现场应急指挥根据情况及时报告当地政府相关管理部

门，请求外部支援，对处在危险区域内的所有人员进行紧急疏散。

（2）人员煤气中毒时的应急处置

1）进入泄漏区的人员必须佩戴一氧化碳报警仪、氧气呼吸器。

2）设置警戒区并进行监护，防止其他人员进入煤气泄漏区。

3）救援人员要尽快让中毒人员离开中毒环境，并尽量让中毒人员静躺，避免活动后加重心、肺负担及增加氧的消耗量。

4）事故现场杜绝任何火源。

5）搜索后，要对在岗人员及参加抢险的人员进行人数清点，在人数不符的情况下搜救工作不能终止，直到点清全部人员。

6）对泄漏点周围逐个地点进行搜索，特别是死角、夹道等不易引起注意的地方。

7）应对警戒区内的煤气含量进行检测，超过规定标准时警戒区不能撤销。

（3）煤气泄漏引发火灾、爆炸时的应急处置

1）煤气轻微泄漏引起着火，可用湿泥、湿麻袋堵住着火部位进行扑救和灭火，火焰熄灭后再按有关规定补好泄漏处。

2）直径小于100毫米的煤气管道着火时，可直接关闭阀门，切断气源灭火。

3）直径大于100毫米的煤气管道或煤气设备着火时，应

向管道或设备内通入大量蒸汽或氮气，同时降低煤气压力，缓慢关小阀门但压力不得小于 100 帕，以防止回火引起爆炸使事故扩大，待火焰熄灭后再彻底关闭阀门。

4）煤气管道或设备被烧红时，不得用水骤然冷却，以防管道或设备变形断裂。

5）当管道法兰、补偿器、阀门等处着火时，如果火势较小，可戴好呼吸器用就近备用的灭火器灭火；如果火势较大，无法用灭火器将火熄灭，可用消防车内的消防水冷却设备，同时向系统内通入蒸汽或氮气，逐渐关闭阀门，待火焰熄灭后彻底切断气源灭火。

6）当火灾发生时，要将事发危险区域警戒线扩大至 300~500 米范围，防止他人误入危险区域。事故隐患未彻底消除，安全警戒不得解除。

7）当发生煤气爆炸事故，在查明事故原因和采取必要的安全措施前，不得向煤气设施复送煤气。

（4）高温液体喷溅意外伤害时的应急处置

冶金生产过程中的高温液体具有温度高、热辐射很强的特性，如铁水、钢水、钢渣、铁渣的温度往往为 1 250~1 670 ℃。高温液体易喷溅，对危险范围内的作业人员极易造成灼伤。据有关资料统计，灼伤约占炼钢厂总伤害的 1/4，居各种伤害的第二位。

高温液体发生喷溅、溢出或泄漏时，除了可能直接对人员造成灼烫伤害外，还潜藏着发生爆炸的严重危害，并可能诱发其他二次伤害或事故，给企业造成巨大损失。

1）发生高温液体喷溅时可采取的处置措施如下：

①人员身上着火，严禁奔跑，相邻人员要帮助灭火。

②心搏、呼吸停止者，应立即进行心肺复苏。

③面部、颈部深度烧伤及出现呼吸困难者，应迅速送往医院并设法做气管切开手术。

④非化学物质烧伤创面，不可用水淋，不要弄破创面水疱，以免创面感染。

⑤用清洁纱布等盖住创面，以免感染。

⑥如果伤员口渴，可饮用含盐开水，不可喝生水及大量白开水，以免引起脑水肿及肺水肿。

⑦严重灼伤者，争取在出现休克之前，迅速送医院医治。

⑧送伤员前，尽可能提前通知医院做好抢救准备。

2）发生高温液体溢出、爆炸时可采取的处置方法如下：

①凡发生高温液体溢流，应立即停止作业。危险区内严禁有人。

②发生漏铁、漏钢事故时，要将剩余铁水、钢水倒入备用罐。

③高温液体溢流至地面遇乙炔瓶、氧气瓶等易燃易爆物品时，如不能及时搬走，要采取降温措施。

④溢流、泄漏至地面的铁水、钢水在未冷却之前，不能用水扑救，以防止水分解后引起爆炸。

⑤高温液体溢出或泄漏诱发火灾时，不能用水扑救，一般采用干粉灭火器灭火。

⑥一旦诱发了火灾、爆炸等二次事故，应立即设置警戒区，禁止人员进入。

(5) 火灾、爆炸意外伤害时的应急处置

在冶金企业生产过程中，特别是煤粉制备、输送与喷吹过程中，可能发生火灾、爆炸、中毒、窒息、建筑物坍塌等事故。密闭生产设备中发生的煤粉爆炸事故可能发展成为系统爆炸，摧毁整个烟煤喷吹系统，甚至危及高炉；抛射到密闭生产设备以外的煤粉可能导致二次粉尘爆炸和次生火灾，扩大事故危害。

1）发生火灾、爆炸事故的处置措施如下：

①指定专人维护事故现场秩序，指导救援人员进入事故现场，阻止无关人员进入事故现场，严防二次伤害。

②认真保护事故现场，凡与事故有关的物体、痕迹、状态，不得破坏。为抢救伤员需要移动某些物体时，必须做好标记。

③根据实际需要，立即对伤员实施现场救护，如心肺复苏、外伤包扎等，同时应迅速联系专业救护人员。

④及时收集现场人员位置、数量信息，准确统计伤亡情况，防止其他人员受困或被遗漏。

⑤及时切断与运行设备的联系，保障其他设备安全运行。如果是在压力容器的部位发生火灾，要及时隔离，严防引发压力容器爆炸事故。

⑥确定事故状态对周边相关动力管网的影响情况，采取安全防范措施。

⑦转移易燃易爆等危险品，运用隔离设施严防烧、摔、砸、炸、窒息、中毒、高温、辐射等对救援人员造成伤害。

2）对烧伤人员的应急处置与救治。当发生热物体灼烫伤

害事故时，事发单位应首先了解情况，及时抢修设备，进行堵漏，并使伤员迅速脱离热源，然后用自来水冲洗或浸泡烫伤部位。不要给烫伤创面涂有颜色的药物如紫药水，以免影响对烫伤深度的观察和判断，也不要将牙膏、油膏等物质涂于烫伤创面，以减少创面感染的机会，减小就医时处理的难度。如果出现水疱，不要将疱皮撕去，以避免感染。简单救治后应及时将伤员送往医院救治。

50. 化工企业意外伤害与应急处置

(1) 危险化学品火灾的应急处置

在化工企业生产过程中和危险化学品运输、仓储、销售、使用和废弃物处置等各个环节，化学物质的原因、气象因素的原因、违章操作的原因等都有可能导致火灾、爆炸事故发生。

在火灾尚未扩大到不可控制之前，应尽快用灭火器灭火。迅速关闭火灾部位的上下游阀门，切断进入火灾事故地点的一切物料，然后立即启用现有各种消防装备扑灭初期火灾和控制火源。

对周围设施采取保护措施。为防止火灾危及相邻设施，必须及时采取冷却保护措施，并迅速疏散受火势威胁的物资。有的火灾可能造成易燃液体外流，这时可用沙袋或其他材料筑堤拦截流淌的液体或挖沟导流，将物料导向安全地点。必要时用毛毡、湿草帘堵住下水井、窨井口等处，以防止火焰蔓延。

扑救危险化学品火灾绝不可盲目行动，应针对每一类化学品，选择正确的灭火剂和灭火方法。必要时采取堵漏或隔离措施，预防次生灾害。当火势被控制以后，仍然要派人监护，清理现场，消灭余火。

(2) 化学烧伤的应急处置

1）生石灰烧伤。迅速清除石灰颗粒，用大量流动的洁净冷水冲洗至少 10 分钟，尤其是眼内烧伤更应彻底冲洗。切忌将受伤部位用水浸泡，防止生石灰遇水产生大量热量而加重烧伤。

2）磷烧伤。迅速清除磷以后，用大量流动的洁净冷水冲洗至少 10 分钟，然后用 5%的碳酸氢钠或食用苏打水湿敷创面，使创面与空气隔绝，防止磷在空气中氧化燃烧而加重烧伤。

3）强酸烧伤。强酸包括硫酸、盐酸、硝酸，皮肤被强酸烧伤应立即用大量清水冲洗至少 10 分钟，同时立即脱掉被污染的衣服。还可用 4%的碳酸氢钠或 2%的食用苏打水冲洗中和。

4）强碱烧伤。强碱包括氢氧化钠、氢氧化钾、氧化钾等，皮肤被强碱烧伤应立即用大量清水彻底冲洗创面，直到皂样物质消失为止。也可用食醋或 2%的醋酸冲洗中和或湿敷。

①强酸烧伤眼部：若眼部烧伤，首先采取简易的冲洗方法，即用手将伤员眼部撑开，把面部浸入清水中，轻轻摇动头部，冲洗时间不少于 20 分钟。切忌用手或手帕揉擦眼睛，以免增加创伤。如发生吸入性烧伤，可出现咳血性泡沫痰、胸闷、流泪、呼吸困难、肺水肿等症状，此时要注意保持呼吸道畅通，可用 2%~4%的碳酸氢钠雾化吸入。

②强碱烧伤眼部：发生眼部烧伤至少应用清水冲洗 20 分钟以上。严禁用酸性物质冲洗眼部。

(3) 急性中毒的应急处置

发生中毒后，可分除毒、解毒和对症救护三步进行急救。

1）除毒方法如下：

①吸入毒物的急救。应立即将中毒者救离中毒现场，搬至空气新鲜的地方，解开衣领，以保持呼吸道通畅，同时可吸入氧气。中毒者昏迷时，要取出义齿（如有），将舌头牵引出来。

②清除皮肤上的毒物。迅速使中毒者离开中毒场地，脱去被污染的衣物，可用流动的清水或温水反复冲洗身体，清除皮肤、毛发上的毒性物质。有条件者，可用 1%的醋酸或 1%～2%的稀盐酸、酸性果汁冲洗碱性毒物，用 3%～5%的碳酸氢钠或石灰水、小苏打水、肥皂水冲洗酸性毒物。敌百虫中毒忌用碱性溶液冲洗。

③清除眼内毒物。迅速用 0.9%的盐水或清水冲洗 5～10 分钟。酸性毒物用 2%的碳酸氢钠溶液冲洗，碱性中毒用 3%的硼酸溶液冲洗。然后可点 0.25%氯霉素眼药水，或 0.5%金霉素眼药膏以防止感染。无药液时，只用微温清水冲洗亦可。

④经口误服毒物的急救。对于已经明确属口服毒物的神志清醒的中毒者，应马上采取催吐的办法，使毒物从体内排出。

A. 催吐。首先让中毒者取坐位，上身前倾并饮水 300～500 毫升（普通的玻璃杯 1 杯），然后让中毒者弯腰低头，面部朝下，抢救者站在中毒者身旁，手心朝向中毒者面部，将中指伸到中毒者口中（若留有长指甲须剪短），用中指指肚向上钩按中毒者软腭（紧挨上牙的是硬腭，再往后就是柔软的软腭），按压软腭造成的刺激可以导致中毒者呕吐。呕吐后再让中毒者饮水并再刺激其软腭使其呕吐，如此反复操作，直到吐出的是清水为止。也可用羽毛、筷子、压舌板催吐，或触摸咽部催吐。催吐可在中毒现场进行，也可在送医院的途中进行，总之越早越好。有条件的还可服用1%的硫酸锌溶液50~100毫升，必要时用阿扑吗啡5毫克皮下注射。

催吐禁忌人群：口服强酸、强碱等腐蚀性毒物者；已发生昏迷、抽搐、惊厥者；患有严重心脏病、食道胃底静脉曲张、胃溃疡、主动脉夹瘤的患者，孕妇。

B. 洗胃。洗胃对于清醒的中毒者实施越快越好，但神志不清、惊厥抽动、休克、昏迷者忌用，并且只能在医生指导下进行。洗胃液体一般用清水，如条件许可，亦可用无强烈刺激性化学液体破坏或中和胃中毒物。

C. 灌肠。清洗肠内毒物，防止其被吸收。腐蚀性毒物中毒可灌入蛋清、稠米汤、淀粉糊、牛奶等，以保护胃肠黏膜，延缓毒物的吸收；口服炭末、白陶土有吸附毒物的功能；如由皮下、肌肉注射引起的中毒，时间还不长，可在原针处周围肌肉注射1%的肾上腺素0.5毫克以延缓吸收。

D. 促进毒物的排出。用以下方法可促使已到体内的毒物排出：

a. 利尿排毒。大量饮水、喝茶水都有利尿排毒的作用，亦可口服呋塞米20~40毫克。

b. 静脉注射排毒。用5%的葡萄糖溶液40~60毫升，加维生素C 500毫克静脉点滴。

c. 换血排毒。常用于毒性极大的氰化物、砷化物中毒，可将中毒者的血液换成同血型健康人的血。

d. 透析排毒。在医院可做血液腹膜、结肠透析以清除毒物。

E. 镇静和保暖。镇静和保暖是抢救过程中减少耗氧的极为重要的环节，常用镇静药物异丙嗪 25 毫克或安定 10 毫克肌肉注射。

2）解毒和对症急救：关于解毒和对症急救，应在医院由专业医师进行。

3）给予中毒者生命支持：在医生到达之前或在送中毒者去医院途中，对已发生昏迷的中毒者采取正确体位，防止窒息；对已发生心搏、呼吸停止的中毒者实施心肺复苏等。

51. 机械制造意外伤害与应急处置

（1）机械伤害的应急处置

机械制造企业最为常见的事故是机械伤害，发生机械伤害后，一定要沉着冷静，不要慌乱。

1）发生事故后的应急处置与救治。伤害事故发生后，要立即停止现场活动，将伤员放置于平坦的地方，现场有救护经验的人员应立即对伤员的伤势进行检查，然后有针对性地进行紧急救护。

在进行上述现场处理后，应根据伤员的伤情和现场条件迅速转送伤员。转送伤员非常重要，如果搬运不当，可能使伤情加重，严重时还可能造成神经、血管损伤甚至瘫痪，以后将难以治愈，并给伤员带来终身的痛苦，所以转送伤员时要十分注意。如果伤员伤势不重，可采用背、抱、扶的方法将伤员运走。如果伤势较重，有大腿或脊柱骨折、大出血或休克等情况时，就不能用以上方法转送伤员，一定要把伤员小心地放在担架或木板上抬送。把伤员放置在担架上转送时动作要平稳，上、下坡或楼梯时，担架要保持平衡，不能一头高、一头低。伤员应头在后，这样便于观察伤员情况。当事故现场没有担架时，可以用椅子、长凳、衣服、竹子、绳子、被单、门板等制成简易担架使用。对于脊柱骨折的伤员，一定要用硬木板做的担架抬送。将伤员放在担架上以后，要让其平卧，腰部垫一个衣服垫，然后把伤员固定在木板上，以免伤员在转送的过程中滚动或跌落，造成脊柱移位或扭转，刺激血管和神经，导致下肢瘫痪。

现场应急总指挥应立即联系救护中心，要求紧急救护并向上级报告，保护事故现场。

2）现场创伤止血的应急救护。当伤员一次出血量达全身血量的 1/3 以上时，生命就有危险。因此，及时止血是非常重要的。可用现场物品如毛巾、纱布、工作服等立即采取止血措施。如果创伤部位有异物但不在重要器官附近，可以拔出异物，处理好伤口；如无把握就不要随便将异物拔掉，应由专业人员来检查、处理，以免伤及内脏及较大血管，造成大出血。

3）现场骨折的应急救护。对骨折处理的基本原则是尽量不让骨折肢体活动。因此，要利用一切可利用的条件，及时、正确地对骨折部位做好临时固定，其目的是避免骨折断端在搬运时损伤周围的血管、神经、肌肉或内脏；减轻疼痛，防止休克；便于运送到医院进行彻底治疗。临时固定的材料有夹板和敷料。夹板以木板最好，紧急情况下也可用木棍、竹篦等代替；敷料为棉花、纱布或毛巾，用作夹板的衬垫。缠夹板可用绷带、三角巾或绳子。

若上肢骨折，应将上肢挪到胸前，固定在躯干上；若下肢骨折，最好将两下肢固定在一起，且应超过骨折的上下关节，或将断肢捆绑、固定在担架、门板上；脊骨骨折时，不需要做任何固定，但搬运方法十分重要，搬运时最好用担架、门板等，也可用木棍和衣服、毯子等做成简易担架，让伤员仰躺。无担架、木板需众人用手搬运时，救护人员必须有一人双手托住伤员腰部，切不可单独一人采用拉、拽的方法。如果操作不当，即使是单纯的骨折，也可导致继发性脊髓损伤，造成瘫痪；对已有脊髓损伤的伤员，会增加损伤程度，尤其是高位的脊柱骨折，如果搬运不当，甚至可能立即致命。

(2) 起重伤害的应急处置

机械制造和机械加工企业离不开起重机械，起重机械承担着加工材料、半成品、成品以及机械设备的吊运等工作，如果没有起重机械，也就没有现代化的机械制造业。

起重伤害发生后的应急处置如下：

1）发现有人受伤后，必须立即停止起重作业，向周围人员呼救，及时拨打“120”等急救电话。报警时，应说明伤员的受伤部位和受伤情况、发生事故的区域或场所，以便救护人员事先做好急救的准备。

2）组织进行急救的同时，应立即上报项目安全生产应急领导小组，启动应急预案和现场处置方案，最大限度地减少人员伤害和财产损失。

3）现场救护人员采取现场包扎、止血等措施，防止伤员流血过多造成死亡事故。对创伤出血者，迅速包扎止血，送往医院救治。

4）发生断手、断指等严重情况时，对伤员伤口要进行包扎、止血、止痛，进行半握拳状的功能固定。对断手、断指应用消毒或清洁敷料包扎，忌将断指浸入酒精等消毒液中，以防细胞变质。将包好的断手、断指放在无泄漏的塑料袋内，扎紧袋口，在袋周围放好冰块，或用冰棍代替，速随伤员送医院抢救。

5）伤员出现肢体骨折时，应尽量保持受伤的体位，由现场救护人员对伤肢进行固定，并在其指导下采用正确的方式进行抬运，防止因救助方法不当导致伤情进一步加重。

6）伤员出现呼吸、心搏停止症状后，必须立即进行人工呼吸或胸外心脏按压急救。

7）在做好事故应急处置的同时，应注意保护事故现场，对相关信息和证据进行收集和整理，配合上级和当地政府部门做好事故调查工作。